W0312983

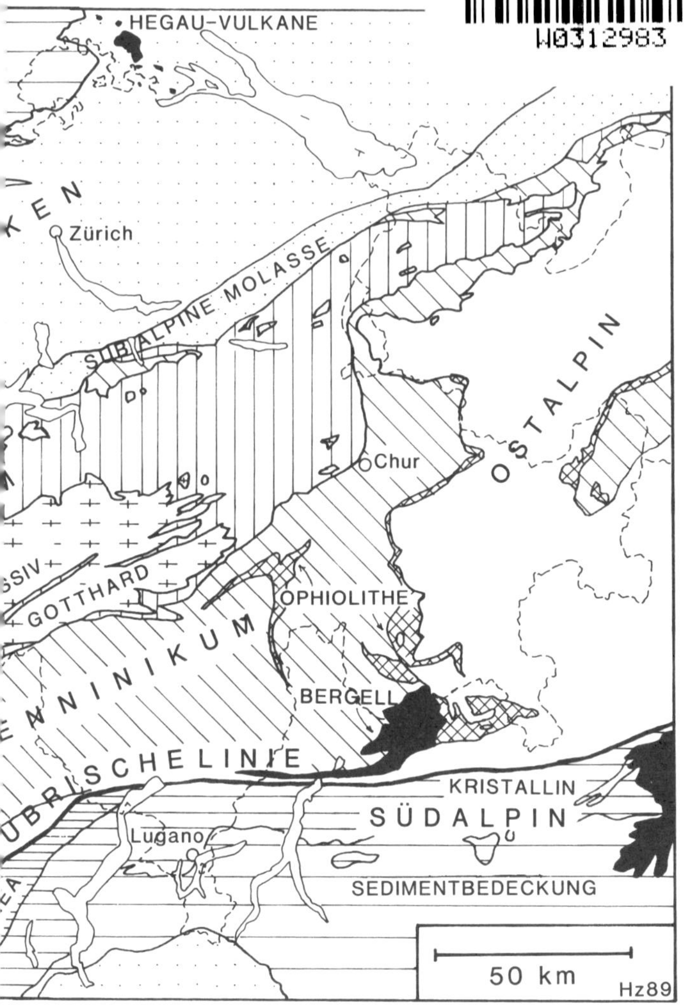
HEGAU-VULKANE
K E N
Zürich
SUBALPINE MOLASSE
OSTALPIN
Chur
SSIV
GOTTHARD
ENNINIKUM
OPHIOLITHE
BERGELL
UBRISCHELINIE
KRISTALLIN
SÜDALPIN
Lugano
SEDIMENTBEDECKUNG
50 km
Hz89

Peter Heitzmann
Franz Auf der Maur

Gesteine bestimmen und verstehen

Ein Führer durch die Schweiz

Birkhäuser Verlag
Basel · Boston · Berlin

CIP-Titelaufnahme der Deutschen Bibliothek

Heitzmann, Peter:
Gesteine bestimmen und verstehen :Ein Führer durch die Schweiz / Peter Heitzmann ; Franz Auf der Maur. – Basel ; Boston ; Berlin : Birkhäuser, 1989
ISBN 3-7643-1981-X
NE: Maur, Franz Auf der:

Das Werk ist urheberrechtlich geschützt. Die dadurch begründeten Rechte, insbesondere die der Übersetzung, des Nachdruckes, der Entnahme von Abbildungen, der Funksendung, der Wiedergabe auf photomechanischem oder ähnlichem Wege und der Speicherung in Datenverarbeitungsanlagen bleiben, auch bei nur auszugsweiser Verwertung, vorbehalten. Die Vergütungsansprüche des § 54, Abs. 2 UrhG werden durch die ‹Verwertungsgesellschaft Wort›, München, wahrgenommen.

© 1989 Birkhäuser Verlag Basel
Umschlaggestaltung/Typografie: Albert Gomm swb/asg, Basel
ISBN 3-7643-1981-X

Inhalt

Statt einer Einleitung:

Der Findling von Bern erzählt seine Geschichte

Ein großer Geteinsblock liegt neben andern im Garten des Geologischen Instituts in Bern, angeschrieben mit «Allalin-Gabbro aus dem Saaser Tal (Wallis)». Für den Geologen handelt es sich dabei nicht nur um einen schön gesprenkelten grünen Stein, ihm erzählt dieser Gabbro eine lange Geschichte. Was hat dieser Findling alles erlebt, bis er hier, in diesem Garten, seine vorläufige Ruhe fand?
Seine erste Geburt, das heißt die Entstehung dieses Gesteins, liegt sehr weit zurück. In der Jurazeit (vor ca. 160–150 Millionen Jahren) lag ein Ozean zwischen Afrika und Europa. Am Meeresgrund flossen aus einem untermeerischen Vulkanbau Laven mit charakteristischen Strukturen für vulkanische Unterwasser-Ergüsse (sogenannte ‹Kissenlaven›). Darunter aber, im Inneren des Vulkanbaus, kristallisierten verschiedene Mineralien im heißen Magma, das langsam abkühlte. Dort bildeten sich aus einem sogenannten basischen Magma Gabbro-Gesteine, die vor allem aus Plagioklas und Pyroxen bestehen und typisch sind für die Kruste unter den Ozeanen. Heute können wir aufgrund der chemischen Zusammensetzung des Allalin-Gabbros auf seine ozeanische Herkunft zurückschließen, allerdings nur durch eine chemische Analyse, denn die Mineralien, die aus dem Magma auskristallisierten, wurden im weiteren Verlauf der Entwicklung in andere Mineralien umgewandelt, das heißt, das Gestein machte später eine Metamorphose durch.
Im Verlaufe der Kreide-Zeit näherten sich die beiden Kontinente Europa und Afrika mit Geschwindigkeiten von ca. 2–4 Zentimetern pro Jahr, und der Ozean dazwischen verschwand langsam. Zuerst wurde die schwerere ozeanische Kruste unter den leichteren Afrikanischen Kontinent hinuntergeschoben, sie wurde verschluckt oder ‹subduziert›. Beim nachfolgenden Zusammprall der beiden Kontinente (der sogenannten ‹Kollision›) jedoch, vor ca. 100 Millionen Jahren, konnte die Verschluckung ozeanischer Kruste nicht mehr weitergehen. Reste des ursprünglichen Ozeans mit seinen basischen und ultrabasischen Krustengesteinen und den darauf abgelagerten Sedimenten sowie der Nordrand des Afrikanischen Kontinents wurden über den südlichen Bereich der europäischen Kontinental-Platte geschoben. Die überschobenen Gesteinspakete mit Mächtigkeiten von mehreren Kilometern und Ausdehnungen von bis zu Hunderten von Kilometern werden ‹Dekken› genannt, wobei die Überschiebungsweite bis mehrere hundert Kilometer betragen kann. Bei diesem Übereinanderschieben wurden mehrere Deckenpakete, darunter auch Teile der ehemaligen ozeanischen Kruste, mit dem Allalin-Gabbro in Tiefen von 40–60 Kilometern versenkt. Unter dem in diesen großen Tiefen herrschenden Druck und bei Temperaturen

von 500–600° C wurden die Gesteine umgeformt. Es bildeten sich dabei neue Mineralien, die nur unter den Bedingungen dieser enormen Drucke entstehen können. Bei der Mineralanalyse des Allalin-Gabbros unter dem Mikroskop finden wir solche Mineralien, z.B. Glaukophan oder Omphacit und Granat, und können deshalb annehmen, daß dieses Gestein in diese enorme Tiefe versenkt wurde, bevor es später ins Hochgebirge gelangte.
Im Verlaufe der Tertiärzeit vor 30–20 Millionen Jahren bildete sich an der Stelle, wo zur Kreidezeit die beiden Kontinente zuammengestoßen waren, auch ein an der Oberfläche sichtbares Gebirge. Die übereinandergeschobenen Gesteinspakete, die Decken, wurden als ganzer Komplex langsam aus der Tiefe gehoben. Während dieser Hebung wurde die mineralogische Zusammensetzung des Allalin-Gabbros nochmals verändert. Für geringere Tiefen typische Mineralien wie Hornblende oder Chlorit ersetzten teilweise diejenigen, die in großen Tiefen gebildet worden waren. Mit der Heraushebung des Alpen-Gebirges wurde an der Oberfläche Material abgetragen, die Täler entstanden, und im Wallis trat der Gabbro schließlich ans Tageslicht.
Erst vor relativ kurzer Zeit, vor etwa 20000 Jahren, als große Teile der heutigen Schweiz zum letzten Mal vergletschert waren, fiel ein Block des Allalin-Gabbros in der Nähe des Allalinhorns auf den Gletscher. Dieser Talgletscher trug den Block hinunter zum Rhonegletscher, der zur damaligen Zeit auch einen Arm vom Genfersee über das Gros du Vaud hinweg bis in die Gegend von Bern schickte. So fand der Block seinen Weg auf dem Rücken des Gletschers aus dem Wallis bis in die Gegend von Bern, wo er als erratischer Block beim Abschmelzen des Gletschers zurückgelassen wurde.
So kann uns ein einfacher Gesteinsblock eine lange Geschichte erzählen, nämlich über die Entstehung des Gesteins in der Kruste eines Ozeans, die Versenkung in enorme Tiefen, die Hebung ins Hochgebirge und schließlich die Reise vom Gebirge ins Unterland. Ähnliche Geschichten über Entstehung und Weiterentwicklung haben auch andere Gesteine. Die einen gelangen von der Tiefe an die Oberfläche, die anderen hingegen von der Oberfläche wieder in größere Tiefen. Gesteine sind also nichts Ewiges, sie verändern sich im Verlaufe der Jahrmillionen in einem immerwährenden Kreislauf.
Wir wollen in diesem Gesteinsbuch wohl jedem Gestein seinen Namen geben und zeigen, wo wir es einreihen können. Diese Gesteine sollen aber aus der Geschichte ihrer Entstehung und Umwandlung in Verbindung mit ihrem Auftreten in der Landschaft erklärt werden, so daß wir sie nicht nur etikettieren, sondern auch erleben können.

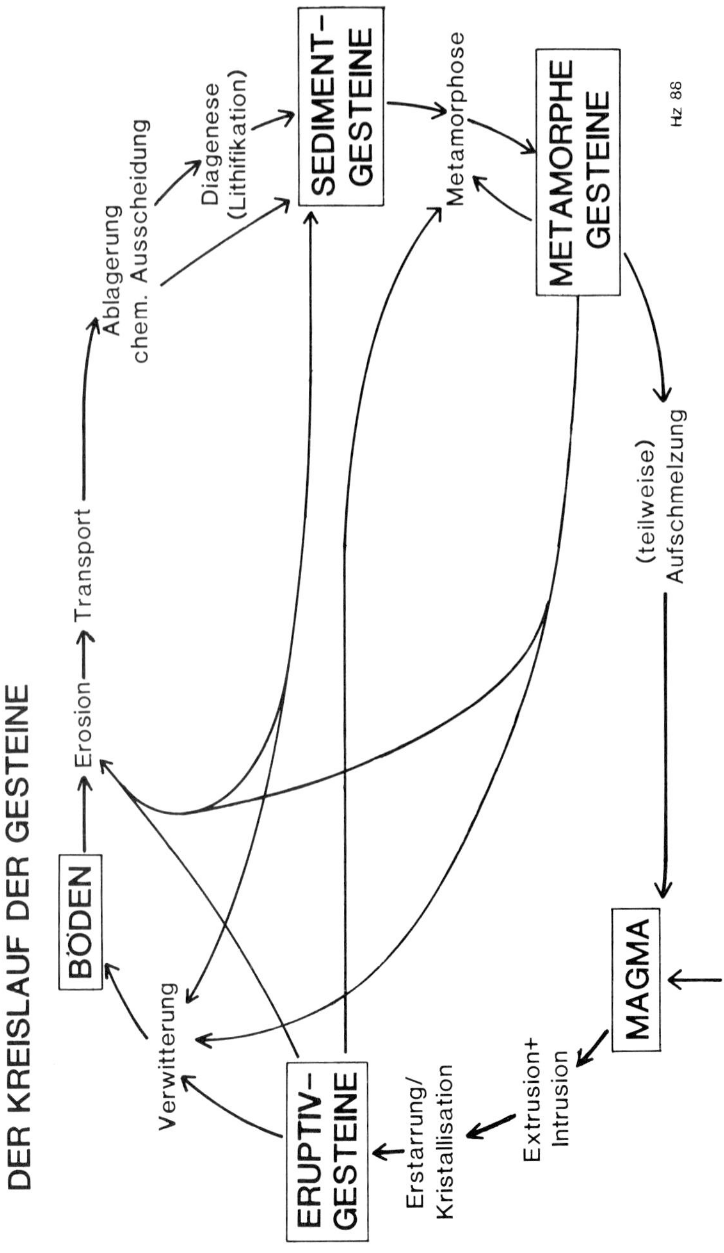
DER KREISLAUF DER GESTEINE
BÖDEN
Erosion
Transport
Ablagerung
chem. Ausscheidung
Diagenese
(Lithifikation)
SEDIMENT-
GESTEINE
Metamorphose
METAMORPHE
GESTEINE
(teilweise)
Aufschmelzung
MAGMA
Extrusion+
Intrusion
Erstarrung/
Kristallisation
ERUPTIV-
GESTEINE
Verwitterung
Hz 88

1. Teil
Von der Erdkugel zum Mineral

Gesteine, wie wir sie in der Schweiz finden, entstehen entweder in oder auf der Erdkruste, also im obersten Bereich der Erdkugel. Um ihre Entstehung verstehen zu können, müssen wir die großräumigen Bewegungsvorgänge, die letztlich auch für die Gesteinsentstehung verantwortlich sind, kennen und verstehen.

So wollen wir in einem ersten Teil den Aufbau der Erde als Ganzes sowie die Vorgänge kennenlernen, die im obersten Bereich unserer Erdkugel stattfinden. Im weiteren sollen die Gesteinstypen näher beschrieben werden: wie sie entstehen und wie wir sie bestimmen können.

Im zweiten Teil werden einzelne Gesteine aus der Schweiz im Detail erklärt. Somit erhalten wir das nötige Rüstzeug, um auf Exkursionen Gesteine auch draußen in der Natur zu finden und zu verstehen.

Der Aufbau der Erde

Die Erdkugel hat einen Radius von 6370 Kilometern; die tiefste Bohrung, die bis heute abgeteuft worden ist, hat eine Tiefe von nur zwölf Kilometern erreicht, ist verglichen mit dem Erdradius also verschwindend gering. Mit Bohrungen können wir also nur wenig Aufschluß über den tieferen Untergrund erhalten. Andere Methoden aber, die mit einer Durchleuchtung verglichen werden können, helfen uns, in größere Tiefen vorzudringen. Als Strahlen bei dieser Methode dienen die Schallwellen natürlicher Erdbeben, denn sie sind stark genug, die ganze Erdkugel zu durchdringen. Die Veränderungen und Ablenkungen, die diese Schallwellen auf ihrem Weg durch die Erdkugel erleiden, lassen dann Rückschlüsse über den inneren Aufbau unseres Globus zu. Es hat sich gezeigt, daß die Erde aus einzelnen konzentrischen Schalen aufgebaut ist. Vom Zentrum gegen außen lassen sich folgende Schalen unterscheiden (vergleiche Schema ‹Struktur der Erde›):

Der *Erdkern* besteht vor allem aus Eisen und Nickel; er kann zweigeteilt werden in einen festen inneren Kern und in einen flüssigen äußeren Kern. Im äußeren Kern findet sich der Ursprung des Erdmagnetismus. Durch die Bewegungen der metallischen Materie in dieser flüssigen Schale entstehen elektrische Ströme, die dann ihrerseits ein Magnetfeld hervorrufen. Dieses Magnetfeld kann vereinfacht mit demjenigen eines Stabmagneten mit einem Nord- und einem Südpol verglichen werden. Von Zeit zu Zeit wird das Magnetfeld umgepolt, so daß der Nord- zum Südpol und umgekehrt der Süd- zum Nordpol wird.
Die Grenze zwischen dem äußeren Kern und dem unteren Mantel wird *Gutenberg-Diskontinuität* genannt.

Der *Erdmantel* besteht vor allem aus Eisen-Magnesium-Silikatgesteinen. Im unteren Mantel sind diese Gesteine fest und nur schwer verformbar. Im Tiefenbereich von ungefähr 100 bis 400 Kilometern hingegen, genauer gesagt in der Asthenosphäre (griech. asthenos = schwach), sind die Gesteine weich und äußerst leicht verformbar, so daß sich diese Schale wie eine ‹Schmierschicht› zwischen den unteren Mantel und die Lithosphäre (= oberster Mantel + Kruste) einschaltet (siehe auch Plattentektonik).
Auch zwischen Erdmantel und Erdkruste besteht eine markante Grenze, die als *Mohorovičić-Diskontinuität,* kurz *Moho*, bezeichnet wird.

Die *Erdkruste* ist nicht so einheitlich aufgebaut wie die beiden inneren Schalen Mantel und Kern; dies liegt natürlich auch daran, daß diese äußerste Schale am besten zugänglich und erforscht ist. Die Mächtigkeit der Erdkruste ist stark vom Gebiet abhängig, wo sie gemessen wird. So finden wir unter den großen Ozeanen nur sehr geringe Krustenmächtigkeiten von ca. zehn Kilometern, und es ist vor allem basisches und ultrabasisches Material (Basalte, Gabbros und Peridotite), das diese ozeanische Kruste aufbaut. Ganz anders ist hingegen die Kruste unter kontinentalen Gebieten (z.B. Skandinavien, Kanada) struktu-

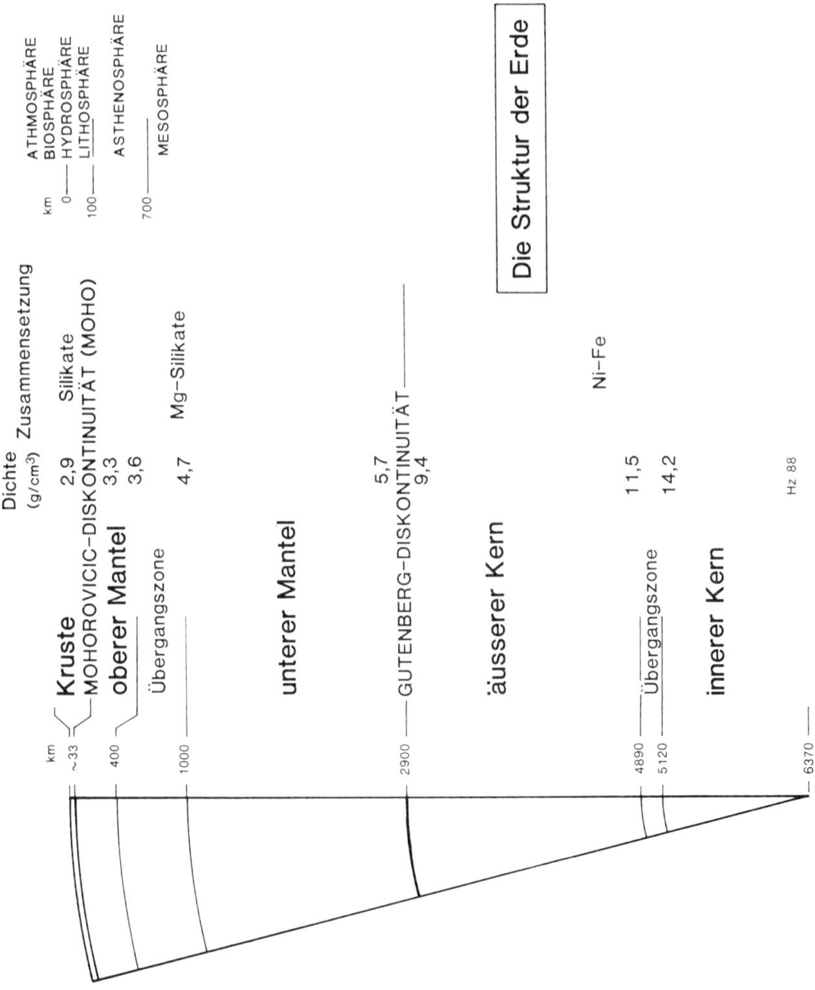

Die Struktur der Erde

riert. Wir können hier bei einer Gesamtmächtigkeit von ca. 35 km deutlich eine untere Kruste (von eher intermediärer bis basischer Zusammensetzung) und eine obere Kruste (vor allem aus saurem Gesteinsmaterial) unterscheiden. Noch mächtiger ist die Kruste unter den Gebirgszügen, die ein ähnlich ‹junges› Alter aufweisen wie die Alpen (z.B. Himalaya, Rocky Mountains, Anden). Hier wurde während der Gebirgsbildung die kontinentale Kruste extrem verdickt und kann bis 70 km mächtig sein.
Daß diese Erdkruste kein starrer Block ist, daß sich vielmehr Bewegungen in ihr abspielen, davon zeugen die Erdbeben und die Lava, die in Vulkanen an die Erdoberfläche tritt.

Die großräumigen Bewegungsvorgänge – eine Einführung in die Plattentektonik

Schon im Jahre 1912 beschrieb der deutsche Naturforscher Alfred Wegener in seinem Buch ‹Die Entstehung der Kontinente und Ozeane› eine zusammenfassende Theorie über die Kontinentalverschiebung. Dabei wies er vor allem auf die Umrisse der Kontinente hin, die ausgezeichnet zusammenpassen (z.B. Afrika und Südamerika), und verglich auch die Tierarten und ihre Verwandtschaft auf den verschiedenen Kontinenten. Allerdings fand er keine hinreichende Erklärung für den Mechanismus dieser Kontinentwanderungen; seiner Meinung nach waren es vor allem zwei Triebkräfte, welche die Kontinente in Bewegung versetzen: die Polflucht und die Gezeiten. Physiker konnten nachweisen, daß diese Kräfte für solche Bewegungen bei weitem nicht ausreichen. So wurde die Theorie nur von einigen wenigen aufgenommen, von der allgemeinen Fachwelt hingegen abgelehnt. Erst 50 Jahre später erfuhr Wegeners geniale Theorie in Form der Plattentektonik eine allerdings stark veränderte Auferstehung.
Seit den 50er Jahren haben genauere Untersuchungen mit modernen Forschungsschiffen eine Fülle neuer Daten über den Aufbau der Ozeane geliefert. Folgende Erkenntnisse haben vor allem zur Entwicklung einer neuen globalen Theorie von der großräumigen Bewegung von Platten beigetragen:

Die Topographie der Ozeanböden
Eine genaue Kartierung des Meeresbodens zeigt, daß es sich hier nicht um einfache Badewannen-Becken handelt, sondern daß auch der Meeresuntergrund Gebirge und Tiefen aufweist, wie wir sie vom Festland her kennen, ja daß diese sogar in den Ozeanen noch gewaltiger sind. Dabei können folgende Gebiete unterschieden werden:
- Von den Kontinenten breitet sich gegen den offenen Ozean oft ein Gebiet geringer Meerestiefen aus, der *Schelfbereich*.
- Vom Schelf führt der *Kontinentalabhang* mit einer Neigung von 1° bis 6° über den Kontinentalfuß in das eigentliche Tiefseebecken.
- Die *Tiefseebecken* weisen im allgemeinen Tiefen zwischen 2000 und 4000 Metern auf, ihre Oberfläche ist wenig modelliert, doch finden sich darin

einerseits gewaltige Gebirgszüge, die *mittelozeanischen Rücken*, so der mittelatlantische Rücken, auf dem die Insel Island liegt, oder der ostpazifische Rücken, andererseits die *Tiefseegräben*, die in Tiefen von über 10000 Metern hinabreichen. Sie ordnen sich vor allem am Rand der Kontinente um den pazifischen Ozean an.

Wie auf dem Festlande sind auch in den Ozeanen die Oberflächenformen Ausdruck des internen Aufbaus, wie Gebirgszüge oder Flachländer auf dem Festland sind also auch Tiefseegräben oder mittelozeanische Rücken bedingt durch die Strukturen im Untergrund.

Die Verteilung der Erdbebenzentren
Erdbeben lassen auf Bewegungen in der Erdkruste schließen. Die Verteilung der Erdbebenherde auf dem Globus ist aber bei weitem nicht gleichmäßig, vielmehr konzentrieren sich die meisten Beben um den pazifischen Ozean herum, folgen also den Gebieten mit den Tiefseegräben, oder finden sich in den mittelozeanischen Rücken. Im Bereich der Tiefseegräben nimmt die Tiefenlage der Beben vom Graben gegen den Kontinent zu. So finden wir in Südamerika die Beben im bis 7000 Meter tiefen Atàcama-Graben unmittelbar unter der Oberfläche, unter den Anden aber in Tiefen unter 200 Kilometer. Wir bezeichnen diese von den Rinnen gegen die Kontinente einfallenden Zonen mit ihren Erdbebenherden als ‹Benioff-Zonen›; diese müssen also Bewegungszonen innerhalb der Lithosphäre sein.

Die periodische Umkehrung des erdmagnetischen Feldes
Die Tatsache, daß die Erde ein Magnetfeld besitzt, erkennen wir selbst auch daran, daß unsere Kompassnadel immer nach Norden zeigt, sich also wie jeder andere Magnet in diesem erdmagnetischen Feld ausrichtet. Bei der Bildung von magmatischen (z.B. Basalt) oder sedimentären Gesteinen (z.B. Sandsteine) können sich bestimmte Mineralien wie kleine Magnete im erdmagnetischen Feld ausrichten. Die Orientierung des Magnetfeldes zur Zeit der Bildung dieser Gesteine wird dadurch in diesen erhalten und kann heute wieder rekonstruiert werden. So ist heute bekannt, daß zu bestimmten Zeiten die Orientierung des Magnetfeldes die gleiche war wie heute (wir bezeichnen diese Orientierung als ‹normal›), zu andern Zeiten die magnetischen Nord- und Südpole ihre Lage aber vertauscht hatten (diese Pollage wird als ‹invers› bezeichnet).

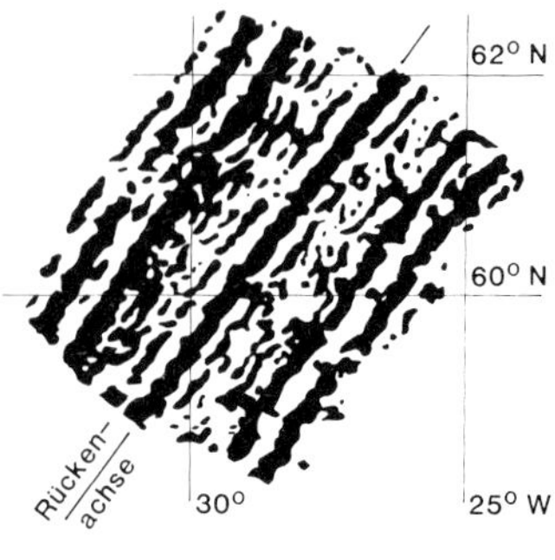

Magnetisches Streifenmuster im nördlichen Mittelatlantischen Rücken (Reykjanes-Rücken), symmetrisch zur Rückenachse (schwarz: normale, weiss: inverse Magnetisierung)

Eine Kartierung der Gebiete mit ‹normaler› und ‹inverser› Magnetisierung in den Ozeanen zeigt eine streifenartige Anordnung der einzelnen Gebiete, wobei sich die Streifen parallel zu den mittelozeanischen Rücken anordnen und sich symmetrisch zu den Rücken eine Abfolge ergibt. Altersbestimmungen haben außerdem gezeigt, daß sich unmittelbar am Rücken selbst die jüngsten, rezenten Gesteine der ozeanischen Kruste befinden und daß das Alter der Kruste vom Rücken weg auf beide Seiten zunimmt.

Das Alter der ältesten Sedimente auf ozeanischer Kruste
Altersbestimmungen an Sedimentproben aus allen Ozeanen zeigen ebenfalls eine Gesetzmäßigkeit. Im Bereich der mittelozeanischen Rücken finden sich auf der ozeanischen Kruste nur sehr junge Sedimente; je weiter man sich aber von diesen Rücken entfernt, umso älter werden auch die ältesten Sedimente, die unmittelbar auf die ozeanische Kruste abgelagert worden sind.

Zusammenfassend ergibt sich, daß das Alter der ozeanischen Kruste von der mittelozeanischen Kruste gegen außen zunimmt. Im Bereich der Rücken wird also fortwährend neue ozeanische Kruste geschaffen, die gegen außen wegdriftet. Man bezeichnet diesen Vorgang als ‹Ozeanboden-Ausbreitung› oder ‹-Spreizung›, vielfach wird auch der englische Ausdruck ‹sea-floor spreading› gebraucht. Mit zunehmendem Alter wird die ozeanische Kruste auch mehr und mehr von Sedimenten bedeckt. Das Alter der ältesten ozeanischen Kruste und der ältesten auf dieser abgelagerten Sedimente ist dabei ‹nur› 190 Millionen Jahre (im Westpazifik); dies ist wirklich äußerst jung im Vergleich zum Alter der ältesten Gesteine auf den Kontinenten von fast 4 Milliarden Jahren.

Um alle diese neuen Erkenntnisse unter einen Hut, d.h. in ein einheitliches Modell zu bringen, wurde das Konzept der *Plattentektonik* geschaffen. Die Hauptmerkmale dieser neuen globalen Tektonik sind folgende:

Die Oberfläche der Erdkugel gliedert sich in verschiedene *Lithosphärenplatten*, die sowohl kontinentale als auch ozeanische Bereiche umfassen können.
Diese Platten haben riesige Ausdehnungen von Tausenden von Kilometern – wie z.B. die pazifische Platte – und sind ungefähr 100 Kilometer mächtig, sie umfassen also die gesamte Lithosphäre mit Kruste und oberstem Mantel.

Die Lithosphären-Platten der Erde und ihre Grenzen

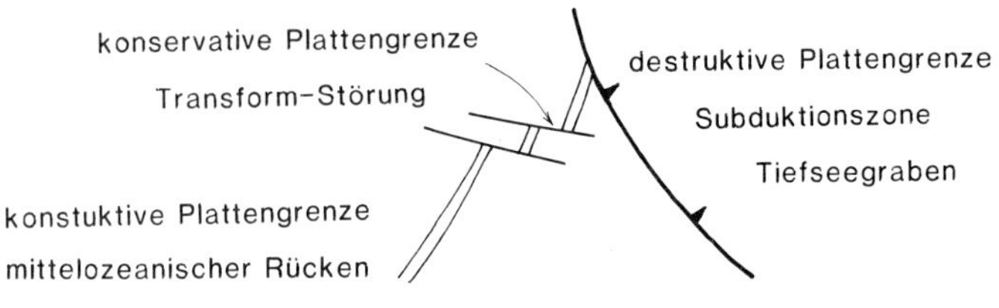

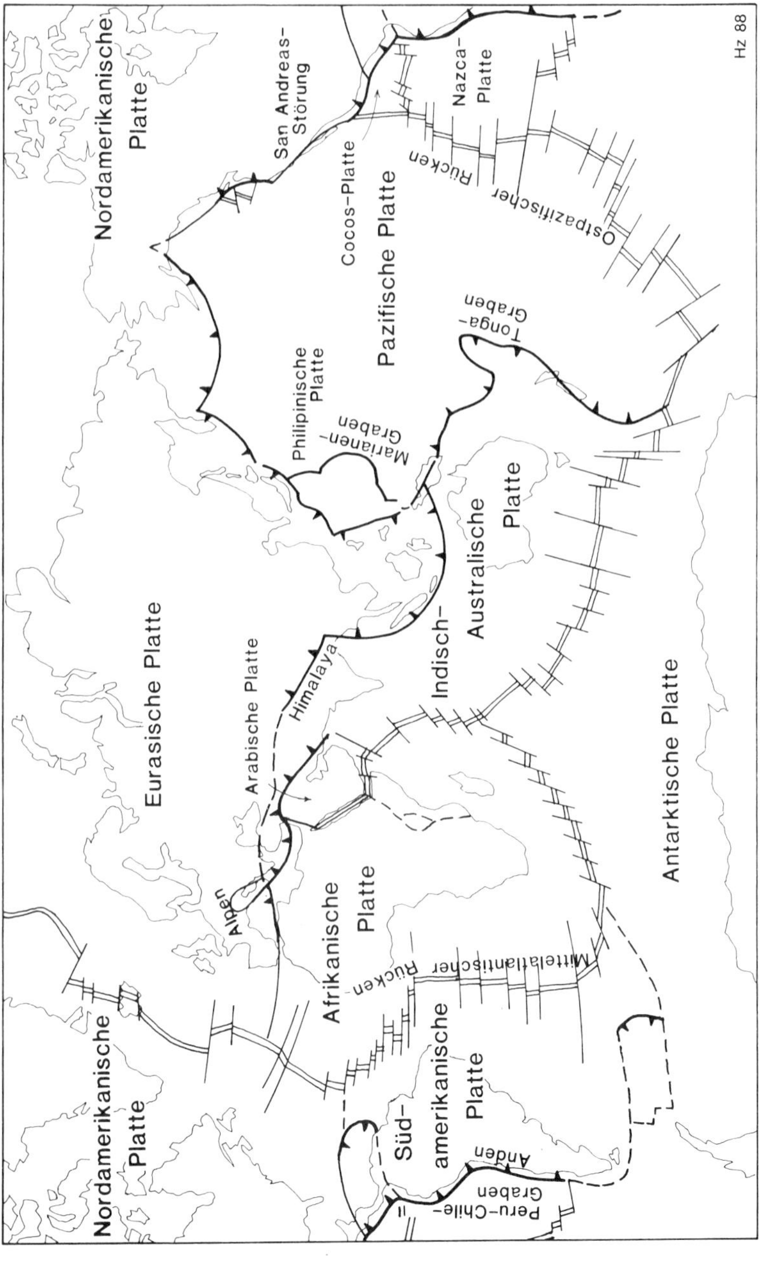
Nordamerikanische Platte
San Andreas-Störung
Cocos-Platte
Nazca-Platte
Ostpazifischer Rücken
Pazifische Platte
Tonga-Graben
Philipinische Platte
Marianen-Graben
Eurasische Platte
Arabische Platte
Himalaya
Indisch-Australische Platte
Alpen
Afrikanische Platte
Mittelatlantischer Rücken
Antarktische Platte
Nordamerikanische Platte
Süd-amerikanische Platte
Anden
Peru-Chile-Graben
Hz 88

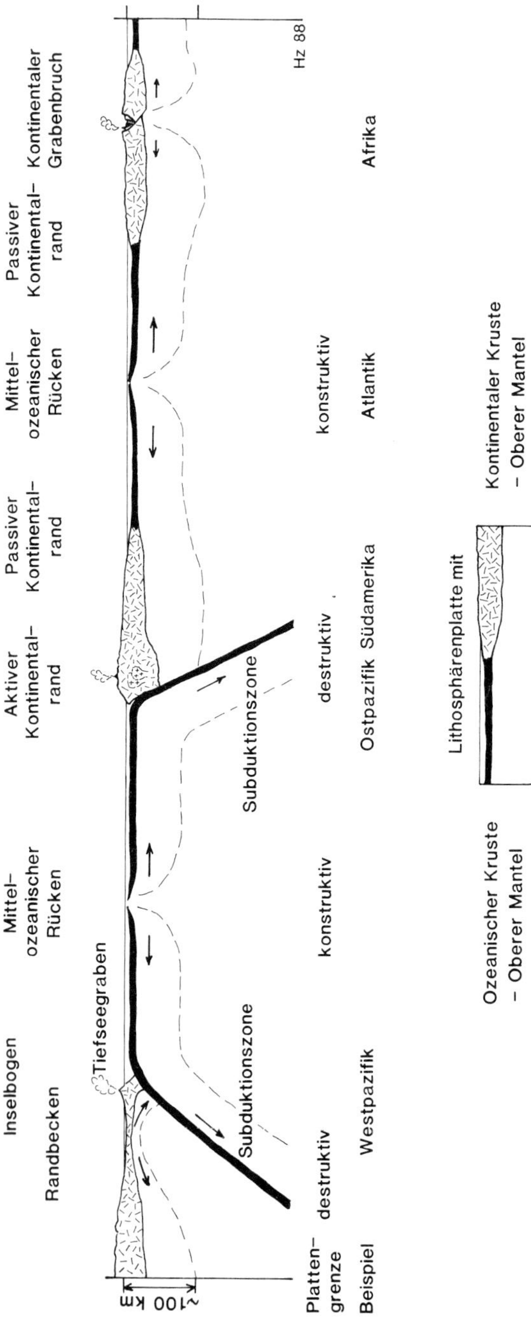

Schematisches Profil (überhöht) durch die Lithosphärenplatten und ihre Grenzen

Diese Lithosphärenplatten sind starr und bewegen sich auf der leicht verformbaren Asthenosphäre mit Geschwindigkeiten von wenigen Zentimetern pro Jahr.
Wenn sich die Platten auf der Erdkugel gegeneinander verschieben, können drei verschiedene Arten von Grenzen entstehen. Wir unterscheiden deshalb:

- *Konstruktive oder divergierende Plattengrenzen*, die an die mittelozeanischen Rücken (z.B. mittelatlantischer Rücken) gebunden sind. Hier wird fortwährend neue ozeanische Kruste geschaffen, die seitwärts wegdriftet.
- *Destruktive oder konvergierende Plattengrenzen oder Subduktionszonen* (Verschluckungszonen), die mit den Tiefseegräben in Verbindung stehen. An diesen Grenzen taucht eine Platte mit ozeanischer Kruste unter eine andere mit ozeanischer oder kontinentaler Kruste. Ein gutes Beispiel dafür ist die Nasca-Platte mit ozeanischer Kruste, die unter die südamerikanische Platte mit kontinentaler Kruste abtaucht; über dieser Subduktionszone hat sich der Gebirgszug der Anden gebildet. Dieser Vorgang der Subduktion oder Verschluckung dauert so lange an, als ozeanische Kruste vorhanden ist, die abtauchen kann. Stoßen hingegen zwei Platten mit kontinentaler Kruste aufeinander, kommt es zur Kollision. Der oberflächlich sichtbare Teil eines solchen Kontinent-Kontinent-Zusammenstoßes ist eine Gebirgskette, wie wir sie in den Alpen (Zusammenstoß von Europa und Afrika) oder im Himalaya (Asien und Indien) vorfinden.
- *Konservative* oder *neutrale Plattengrenzen,* die als *Transformstörungen* bezeichnet werden. Hier gleiten zwei Platten aneinander vorbei, ohne daß neue Kruste gebildet oder alte zerstört wird.

Stoßen drei Platten aufeinander, bilden sich sogenannte Trippelpunkte; dabei sind die verschiedensten Kombinationen der drei Typen von Plattengrenzen möglich.
In diesem Modell der Bewegungsvorgänge auf dem Globus lassen sich auch die Grundlagen über die Entstehung der Gesteine, seien es nun magmatische, sedimentäre oder metamorphe, eingliedern. Wir wollen uns deshalb bei der Besprechung der einzelnen Gesteinsgruppen immer wieder an der Plattentektonik als Leitbild orientieren.

Mineralien und Gefüge – Hilfsmittel der Gesteinsbestimmung

Die meisten Gesteine, die wir am Wegrand oder im Bachbett finden, zeigen nicht ein einheitliches Bild, sondern sind aus einzelnen Bestandteilen aufgebaut. Bei den meisten dieser Komponenten handelt es sich um Mineralien. Aufgrund der einzelnen Mineralien und der Art, wie diese im Gestein zusammengefügt sind, läßt sich ein Gestein bestimmen. Zur Bestimmung eines Gesteins müssen wir also die mineralogische Zusammensetzung und das Gefüge kennen, erst dann können wir ihm auch einen Namen geben.

Ein Einblick in die Mineralogie

Von den Tausenden von Mineralien, die natürlich in der Erdkruste vorkommen und zum Teil große wirtschaftliche Bedeutung haben (z.B. Erze), sind zum Glück nur wenige hauptsächlich am Aufbau der häufigsten Gesteine beteiligt (Beschreibung S. 20). Die meisten Mineralien sind Kristalle; zur Charakterisierung und damit zur Bestimmung können verschiedene Eigenschaften herangezogen werden, die hier besprochen werden sollen:

Kristallgitter: Die chemischen Bausteine sind an ganz bestimmte Plätze gebunden, oder anders ausgedrückt, sie sind in einem Kristallgitter angeordnet. So finden sich in den Kochsalzkristallen die einzelnen Chlor- und Natrium-Ionen in den Ecken eines würfelförmigen Gitters, so daß jedes Chlor-Ion von sechs Natrium-Ionen und umgekehrt jedes Natrium-Ion von sechs Chlor-Ionen umgeben ist. Ähnliche, meist jedoch wesentlich kompliziertere Gitter existieren auch für alle andern Mineralien.

Kristallform: Der innere Gitteraufbau der Kristalle prägt auch die äußere Form. So sind für eine bestimmte Mineralart, wenn auch in verschiedener Größe, immer die gleichen Flächen ausgebildet, und wir finden die für eine Mineralart charakteristischen Formen (Würfel für das Steinsalz, Prisma und Pyramide für den Quarz). Wir bezeichnen diese Form als die Eigengestalt eines Minerals. Allerdings haben die Mineralien nicht immer genügend Platz, um in ihrer Eigengestalt zu kristallisieren, vielfach füllen sie einfach den vorhandenen Raum aus. Wir bezeichnen sie dann als fremdgestaltig.

Kristallsystem: Die verschiedensten Kristallformen gehorchen ganz bestimmten Symmetrie-Gesetzen. Jedes Mineral kann somit einem der sieben Kristallsysteme zugeordnet werden (triklin, monoklin, rhombisch, trignoal, hexagonal, tetragonal, kubisch).

Chemische Zusammensetzung: Da in einem Kristallgitter die Mengenverhältnisse der einzelnen Bausteine immer die gleichen sind, ist die chemische Zusammensetzung bei einfachen Mineralien immer die gleiche. Diese kann durch eine chemische Formel ausgedrückt werden, z.B. NaCl für Steinsalz, $CaCO_3$ für Calcit, SiO_2 für Quarz. Häufig kann aber auch ein bestimmter Gitterplatz durch verschiedene Elemente mit ähnlichen Eigenschaften besetzt werden (z.B. Natrium und Kalium oder Eisen und Magnesium). Es ergeben sich auf diese Weise Mischkristalle, wie wir sie bei den Alkalifeldspäten (Kalifeldspat – Natriumfeldspat) und beim Olivin (Mg-Olivin mit verschiedenen Anteilen von Eisenbeimischung) kennen.

Farbe: Wegen ihrer spezifischen chemischen Zusammensetzung besitzen viele Mineralien eine charakteristische Farbe. Allerdings kann man sich auf dieses Merkmal nicht immer verlassen, können doch schon minime Beimengungen anderer Elemente ein Mineral gänzlich umfärben. Weniger augenfällig, dafür aber für die Mineralbestimmung sicherer ist die *Strichfarbe*, d.h. die Farbe, die das Mineral beim Streichen über ein Porzellanplättchen auf diesem hinterläßt. Diese Probe wird vor allem für die Unterscheidung von Erzmineralien gebraucht.

Glanz: Insbesondere die Erzmineralien haben vielfach einen ausgezeichneten Glanz, d.h. sie reflektieren das Licht sehr gut; sie sind metallglänzend. Die gesteinsbildenden Mineralien hingegen weisen meist nur einen ‹gemeinen Glanz› auf.

Härte: Allgemein ist ein Mineral A härter als ein anderes Mineral B, wenn A auf B einen Kratzer erzeugen kann. Um diese Härtegrade zu quantifizieren, sind bestimmte Mineralien als Referenzen gewählt worden. Daraus resultiert die Mohssche Härteskala:

1 Talk	
2 Gips	
3 Calcit	2,5 Fingernagel
4 Fluorit	
5 Apatit	5,5 Stahlmesser
6 Feldspat	6 Glas
7 Quarz	
8 Topas	
9 Korund	
10 Diamant	

Die Angaben auf der rechten Seite sollen als Hinweis dienen, wie die Härte auch ohne Referenzmineralien abgeschätzt werden kann. Mineralien, die härter sind als Quarz (Härte 7), vom allgegenwärtigen Staub also nicht mehr gekritzt werden können, gelten als Edelsteine.

Spaltbarkeit: Innerhalb eines Minerals gibt es oft Flächen, entlang denen der Kristall vorzugsweise bricht. Diese Mineralien, z.B. Calcit, haben eine gute Spaltbarkeit. Andere Mineralien besitzen keine solchen Flächen und liefern deshalb beim Zerbrechen ganz unregelmäßige Formen, ihre Spaltbarkeit wird als schlecht bezeichnet (z.B. Quarz).

Mineralien können oft nur unter ganz bestimmten Bedingungen bezüglich Druck und Temperatur gebildet werden. So gibt uns das Auftreten solcher Mineralien Auskunft über ihre Bildungsbedingungen und indirekt auch über das Gestein, in dem sie vorkommen. So finden wir Mineralien, die nur in magmatischen Gesteinen, und andere, die nur in Sedimentgesteinen oder nur in metamorphen Gesteinen auftreten können.

Die wichtigsten gesteinsbildenden Mineralien
(Seiten 21–29)

12 Mineralien helfen zur Bestimmung der meisten Gesteine – Die wichtigsten gesteinsbildenden Mineralien

Name	Härte	Farbe	Ausbildung	Vorkommen	Bemerkungen
Quarz	7	farblos	sechsseitige "Türmchen", körnig	magm, sed, metam	schlechte Spaltbark.
Feldspäte Kalifeldspat Plagioklas	6	weiss, rötlich grünlich	oft leistenförmige Querschnitte	magm, metam, (sed)	gute Spaltbark.
Glimmer	2–2,5			magm, metam, sed	gute Spaltbark.
Muskowit		farblos	blätterig, feinschuppig		
Biotit		schwarz	blätterig		
Hornblende (Amphibol)	5,5–6	grün, braun, schwarz	oft langstengelig oder nadelig	magm, metam	
Olivin	6,5–7	olivgrün	körnig	magm, metam, sed	
Serpentin	3–4	grün–schwarz	oft schuppig	metam	
Chlorit	2–3	grün	blätterig	metam	
Tonmieralien	sehr weich	farblos, oft gefärbt	feinste Schüppchen	sed	Verwitterungs–produkte
Calcit	3	farblos, weiss	Rhomboeder, spätig, feinkristallin	sed, metam, magm	ragiert mit 10% HCl kalt
Dolomit	3,5–4	farblos, weiss	meist feinkristallin	sed, metam	reagiert nicht mit 10% HCl kalt
Gips	2	farblos, weiss	Prismen, faserig, blätterig	sed	gute Spaltbark.
Steinsalz	2	farblos	Würfel, derbe Massen	sed	Geschmack! Kochsalz

Hz 88

V

Quarz (grau) im Granit, daneben helle und rötliche Feldspäte und dunkler Biotit

Quarz

Neben den Feldspäten ist Quarz das häufigste Mineral in der Erdkruste. Nur wenige Gesteine enthalten keinen Quarz. Er kristallisiert aus dem Magma (Granit), ist resistent bei der Verwitterung und beim Transport (Sand), wird in vielen Sedimenten eingelagert (Sandstein) und bei der Metamorphose umkristallisiert (Gneis, Schiefer). Zu erkennen ist Quarz in erste Linie wegen seiner Härte (7); alle Gesteine, die quarzhaltig sind, ritzen Stahl (Messer, Hammer) und Glas. In magmatischen Gesteinen finden sich vielfach transparente Quarzkörner mit muscheligem (unregelmäßigem) Bruch und fettigem Glanz. Ein ähnliches Aussehen finden wir manchmal auch in metamorphen Gesteinen, in den Sedimenten hingegen sind die Körner matt wegen der mechanischen Beanspruchung. Heute wird Quarz (allerdings im Labor hergestellter) in der Uhrenindustrie als Taktgeber (Schwingquarz) angewendet.

Feldspäte (Kalifeldspat und Plagioklas)

In der Erdkruste ist die Mineralgruppe der Feldspäte mit über 60% vertreten, damit sind sie die häufigsten Mineralien. Wir finden sie als Hauptbestandteile vor allem in magmatischen (Granit, Syenit, Diorit, Gabbro) und metamorphen Gesteinen (Gneise, Schiefer, Amphibolite). Eher selten sind sie in Sedimenten vorhanden, da sie durch Verwitterungsprozesse häufig in Tonmineralien umgewandelt werden. Beide Feldspäte sind meist weiß, Kalifeldspäte können rötlich, Plagioklase grünlich gefärbt sein. Sind die Kristalle in ihrer Eigenform ausgebildet (häufig in Vulkaniten), erkennt man sie gut an den leistenförmigen Querschnitten (vor allem beim Kalifeldspat). Wegen ihrer Härte (6) sind sie mit dem Messer nicht ritzbar.
Die verschiedenen Feldspäte unterscheiden sich in ihrer chemischen Zusammensetzung: Bei den Kalifeldspäten handelt es sich um

Feldspat:
rötlicher Kalifeldspat

ein Kali-Alumo-Silikat: $KAlSi_3O_8$, bei den Plagioklasen um eine Mischung von einem Natrium-Alumo-Silikat: $NaAlSi_3O_8$ (Albit) und einem Calcium-Alumo-Silikat: $CaAl_2Si_2O_8$ (Anorthit). Da Kalifeldspat und Albit 3 SiO_2 besitzen, heißen sie auch saure Feldspäte, Anorthit hingegen mit nur 2 SiO_2 wird als basischer Feldspat bezeichnet.

Glimmer (Biotit und Muskovit)

Blitzen im Gestein, sei es nun ein Granit, Schiefer, Gneis oder Sandstein, zwischen den hellen Körnern feine Blättchen auf, handelt es sich um ein Glimmermineral. Die Blättchen haben eine ausgezeichnete Spaltbarkeit, und von größeren Kristallen läßt sich Schicht um Schicht ablösen. Je nach chemischer Zusammensetzung bildet sich der helle Muskovit oder der dunkle Biotit. Glimmer finden sich in allen Gesteinsgruppen. Muskovit ist vielfach in Pegmatiten und in Zweiglimmer-Schiefern und -Gneisen vertreten. Biotit ist meistens das dunkle Mineral in Graniten, aber auch in Gneisen und Schiefern. Eine besonders magnesiumreiche, fluorhaltige Biotit-Art findet sich manchmal in Peridotiten: der gelbe bis grünliche Phlogopit. Dieser ist allerdings nicht zu verwechseln mit dem verwitterten goldgelben Biotit, im Volksmund als »Katzengold« bezeichnet. In Gneisen und Schiefern sind die Glimmerblättchen in der Schieferung eingeregelt, dies erhöht die vorzügliche Spaltbarkeit dieser metamorphen Gesteine. Sedimente können detritischen Glimmer enthalten, dieser kann sogar so angereichert sein, daß sich eigentlich Glimmersande bilden. In der Industrie wird vor allem Muskovit und Phlogopit als Wärme- und Elektro-Isolierungsmaterial eingesetzt, z.B. als Fenster von Öfen.

Glimmer: Biotit

Auch zur Glimmergruppe gezählt wird der Glaukonit, ein Eisen-reiches Mineral, das sich im Schelfbereich neu bildet und in Kalken oder Sandsteinen (‹Grünsande›) einen deutlichen Hinweis für eine marine Herkunft bildet.

Hornblende (Amphibole)

Auch die Amphibole bilden eine große Gruppe verschiedener Mineralien unterschiedlicher chemischer Zusammensetzung. Gut erkennbar sind die Vertreter der Amphibol-Familie an ihrer stengeligen bis nadeligen Ausbildung. Die ‹gemeine Hornblende› bildet sich sowohl in magmatischen (Syenite, Diorite) als auch in metamorphen Gesteinen (Amphibolite). Andere Amphibol-Mineralien sind typisch für bestimmte metamorphe Fazies-Bereiche. So findet sich der farblose Tremolit und der grüne Aktinolit in vielen Gesteinen der Grünschiefer-Fazies. Der blaue Glaukonit ist ty-

Hornblendegarben

Olivin

pisch für die Blauschiefer- und Eklogit-Fazies, ist also ein guter Hochdruckanzeiger (allerdings gibt es auch andere blaue Amphibole, die andere Bildungsbedingungen aufweisen).
In Sedimenten sind Amphibole sehr selten, da diese bei der Verwitterung schnell zerstört werden.

Olivin

Der Name gibt den Hinweis auf die Farbe: Grün wie die Olive. Olivin (auch als Peridot bezeichnet) ist eines der Silikatmineralien mit sehr wenig Kieselsäure (SiO_2), deshalb kommt er nie zusammen mit Quarz (reines SiO_2) vor. Das Mineral Olivin ist typisch für ultrabasische Gesteine (Peridotite), wo es als Hauptmineral auftritt. Wir finden es aber auch in basischen Gesteinen (Olivin-Gabbro, Olivin-Basalt) als Nebengemengteil. Auch in metamorphen Peridotiten und Olivin-Marmoren tritt er auf. Gut erkennbar sind die glasartigen, grünlichen Körner in diesen Gesteinen. Ist aber das Gestein verwittert, nimmt es wegen des beträchtlichen Eisengehaltes des Olivins eine rostbraune Färbung an, auch dies ein Hinweis auf Olivin. In klastischen Sedimenten, vor allem solchen vulkanischen Ursprungs, können sich Olivine anreichern (sie sind sehr verwitterungsresistent) und sogar eigentliche Olivin-Sande bilden.
Olivin hat auch eine gewisse wirtschaftliche Bedeutung, weniger als Halbedelstein (Härte ungefähr 7, wie Quarz) denn als feuerfestes Material oder als Formsand für Gießereien.

Serpentin

Durch Wasseraufnahme kann sich Olivin (Magnesium-Silikat) in Serpentin (wasserhaltiges Mg-Silikat) umwandeln. Dringt Meerwasser bis auf die Peridotit-Lage hinunter, erfolgt diese Umwandlung (oft als ‹Ozeanboden-Metamorphose› bezeichnet) in der ozeanischen Kruste. Umgekehrt kann bei zunehmender Regionalmetamorphose Serpentin unter Wasserabgabe wieder in Olivin verwandelt werden. Gut ausgebildete

Serpentin

Chlorit

Mineralien sind äußerst selten, erkennbar sind die meist grünlichen, derben Mineralmassen an den glatten Oberflächen, welche durch die blätterige Ausbildung der Mineralien bedingt sind. Neben diesem Blätterserpentin (Antigorit genannt) finden wir auch eine faserige Ausbildung (Chrysotil). Die feinen Faserserpentinvorkommen werden als Asbest abgebaut und finden heute noch Verwendung für feuer- und säurefeste Kleider; im Baugewerbe wird Asbest dagegen wegen der Krebsgefahr, (durch Fasern, die sich in die Lungen einlagern) nicht mehr eingesetzt.

Chlorit

Chloros (griech.) = hellgrün ist der Ursprung für die Bezeichnung einer großen Gruppe von Mineralien, die wohl ähnliche Eigenschaften aufweisen, sich aber chemisch dadurch unterscheiden, daß wechselnde Verhältnisse von Magnesium, Eisen oder Mangan ins Gitter dieser wasserhaltigen Alumosilikate eingebaut sind. Von bloßem Auge sind diese Unterschiede jedoch vielfach nicht zu erkennen. Chlorite sind an den grünen Blättchen zu erkennen, die jedoch nicht gleich elastisch sind wie die Glimmer. Sie sind typisch in Gesteinen der schwachen Metamorphose, und ihre grüne Färbung hat den Grünschiefern und somit auch der Grünschiefer-Fazies den Namen gegeben.

Tonmineralien

Tonmineralien entstehen bei der Verwitterung verschiedenster Mineralien wie Feldspäte oder Glimmer. Es sind ebenfalls Silikate, die ähnlich wie Glimmer oder Chlorit aus feinsten Schichten aufgebaut sind. Sie erreichen jedoch nie die Größe anderer Mineralien, sondern bleiben meist unter 0,002 mm (= ‹Tonfraktion›), sind also von bloßem Auge nicht sichtbar (Sichtbarkeitsgrenze bei 0,06 mm). Wegen der geringen Härte kann der Tongehalt in Gesteinen beim Zerreiben des Gesteins ‹erfühlt› werden.

Tonmineralien spielen eine wichtige

Tonmineralien im Raster-Elektronenmikroskop

Rolle bei der Zusammensetzung des Bodens. Sind sie im richtigen Verhältnis vorhanden, ist der Boden gut bindig. Mangelt es an Ton im Boden, hält er nur schlecht zusammen; andererseits wird er bei zuviel Ton schnell lehmig, und das Wasser kann nicht mehr abfließen. Mit dem Tongehalt ändern sich auch die mechanischen Eigenschaften, insbesondere die Plastizität (wichtig für die Stabilität von Böden und Hängen).
Auch als Rohstoff ist Ton sehr gesucht, sei es zur Herstellung von Backsteinen oder Ziegeln (siehe Seiten 78/79) oder – speziell Kaolin – zur Herstellung von Porzellan. Kaolingruben finden sich denn auch in Verbindung mit Granitintrusionen, wo die Feldspäte des Granits verwitterten und den kostbaren Rohstoff bildeten.

Calcit

Calcit ist wohl eines der am weitesten verbreiteten Mineralien auf der Erde. Zur Bestimmung eignet sich am besten 10prozentige kalte Salzsäure, die mit dem Calcit zusammen reagiert und aufbraust. Meist nimmt er seinen Ursprung im Meerwasser, entweder durch Ausfällung aus dem Wasser selbst unter Beihilfe von Organismen oder durch Skelett- oder Schalenaufbau durch die Organismen. So bestehen Kalksteine vielfach ausschließlich aus dem Mineral Calcit, wobei die Größe der Kristallkörner jedoch vielfach so gering ist, daß diese nicht direkt beobachtet werden können. Durch Umkristallisation während der Diagenese oder Metamorphose entstehen auch größere Kristalle, die vor allem dem Marmor zu seiner ‹strahlenden› Klarheit verhelfen. Calcit, meist in Kalken oder Marmoren, wird aber nicht nur für Bildhauerarbeiten oder Verkleidungen gebraucht, er ist auch der wichtigste Rohstoff für die Mörtelindustrie. Während früher möglichst reiner Kalk zu Kalziumoxid gebrannt wurde, das nachher mit Wasser vermischt wieder zu Calcit umkristallisierte, wird heute im Zement der Calcit zusammen mit Tonmineralien gebrannt (siehe Seiten 90/91).

Calcit

Neben Sedimenten (Kalksteine, Mergel) finden wir Calcit auch in metamorphen Gesteinen (Marmore).
Chemisch gleich wie der Calcit ist der Argonit, er besitzt jedoch eine andere Kristallstruktur. Viele Hartteile von Organismen bestehen aus Aragonit, auch wird oft Aragonit aus dem Meerwasser ausgeschieden. Das Mineral ist aber bei der Diagenese nicht mehr stabil und wird in Calcit umgewandelt.

Dolomit

Wie der Calcit ist auch der Dolomit ein Karbonat. Während der Calcit aber ein reines Kalzium-Karbonat ist, handelt es sich beim Dolomit um ein Kalzium-Magnesium-Karbonat. Die Gitterplätze, die beim Calcit also ausschließlich von Kalzium belegt sind, sind beim Dolomit abwechslungsweise von Kalzium oder Magnesium besetzt. Vom Aussehen her sind die beiden Mineralien fast nicht zu unterscheiden, besonders in Gesteinen. Im Gegensatz zu Calcit braust aber Dolomit bei der Salzsäureprobe nicht auf. Dolomit entsteht meist in Calcit-Gesteinen durch Umkristallisation; dabei wird Kalzium weg- und Magnesium zugeführt. Schöne Kristalle mit ihren eigenen Kristallformen sind dementsprechend selten. Dolomit finden wir sowohl in Sedimentgesteinen als auch in den daraus entstandenen metamorphen Gesteinen.

Gips

Beim Eindampfen von Meerwasser wird noch vor dem Steinsalz Gips ausgeschieden, ein wasserhaltiges Kalziumsulfat. Die hellen Gipskristalle, Fasergips oder auch derbe Gipsmassen, lassen sich von Calcit und Dolomit vor allem aufgrund der geringen Härte von Gips unterscheiden. Gut ausgebildete Kristalle bilden oft typische ‹Schwalbenschwanz›-Zwillinge. Als Alabaster wird feinkristalliner Gips als Schmuckstein für Figuren gebraucht, da er wegen seiner geringen Härte sehr gut zu bearbeiten ist. Gips ist ein typisches Mineral in Sedimentgesteinen. In Gipsgruben wird der Gips abgebaut und in der Bauindustrie verwendet.

Dolomit

Gips

Neben Gips (dem wasserhaltigen Kalziumsulfat) existiert auch ein wasserfreies Kalziumsulfat, der Anhydrit, der nach dem Gips ebenfalls aus dem Meerwasser ausgeschieden wird. Er ist härter als Gips und meist extrem feinkörnig. Unter erhöhten Temperaturen wandelt sich auch Gips unter Wasserabgabe in Anhydrit um. Nimmt umgekehrt Anhydrit wieder Wasser auf, geht er wieder in Gips über, wobei es zu einer Volumenausdehnung von ca. 60% kommt. Dieses Quellen des Gesteins ist vor allem im Stollen- und Tunnelbau sehr gefürchtet und führt zu dauernden Sanierungsmaßnahmen in den entsprechenden Partien.

Steinsalz

Steinsalz

Steinsalz ist jedem schon begegnet, nämlich als Salz in der Suppe. Auch dieses Mineral kristallisiert beim Eindampfen von Meerwasser aus, in der Reihenfolge nach Gips und Anhydrit. Zu Verwechseln ist das weißliche Steinsalz allerdings wegen seines Geschmacks sicher nie. Vielfach werden die Salzkristalle durch geringe Beimengungen anderer Elemente oder durch leichte radioaktive Strahlung gefärbt. Die Kristallform ist der Würfel. Steinsalz kommt nur in Sedimentgesteinen vor. Für Mensch und Tier wurde Salz schon immer gesucht; heute wird Steinsalz auch in der chemischen Industrie als Grundstoff verwendet.

Das Gefüge der Gesteine

Je nach Art und Ort, wie und wo ein Gestein entstanden ist, ändert sich nicht nur die mineralogische Zusammensetzung, sondern auch die Art und Weise, wie die einzelnen Komponenten zusammengefügt sind. Auch das Gefüge gibt uns also einen Beitrag zur Geschichte des Gesteins. Verschiedene Aspekte eines Gefüges können untersucht werden:

- Die Gestalt der Körner: Sind die Mineralien in ihrer typischen Eigengestalt gewachsen oder ist ihnen eine Fremdgestalt aufgezwungen worden?
- Korngröße und Korngrößenverhältnisse: Das gleiche Mineral kann in verschiedenen Gesteinen ganz verschiedene Korngrößen von Bruchteilen von Millimetern bis in den Zentimeter-Bereich aufweisen; sind alle Körner ungefähr gleich groß, bezeichnen wir das Gestein als gleichkörnig. Aber auch in einem Gestein selbst kann die Korngröße desselben Minerals ganz verschieden sein, so daß wir z.B. in einer feinkörnigen Grundmasse von Quarz und Feldspat Großkristalle von Feldspat finden; solche Gesteine heißen ungleichkörnig.

ERUPTIVGESTEINE
(Internationale Klassifikation, vereinfacht)

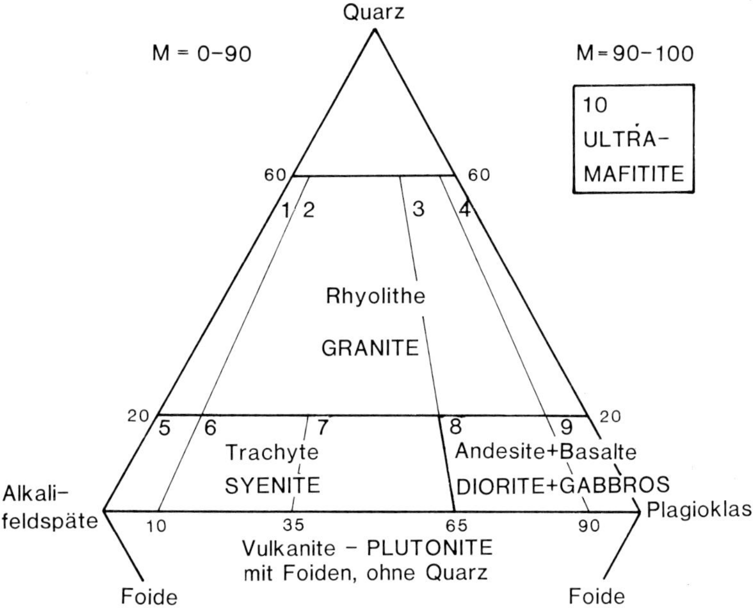

	Vulkanite	PLUTONITE
1	Alkalifeldspat-Rhyolith	ALKALIFELDSPAT-GRANIT
2	Rhyolith	GRANIT
3	Dacit	GRANODIORIT
4	Plagidacit	TONALIT
5	Alkalifeldspat-Trachyt	ALKALIFELDSPAT-SYENIT
6	Trachyt	SYENIT
7	Latit	MONZNIT
8	Latiandesit/Latibasalt	MONZODIORIT/MONZOGABBRO
9	Andesit/Basalt	DIORIT/GABBRO
10	Pikrit	PERIDOTIT/PYROXENIT/ HORNBLENDIT

M- Gehalt (%) an dunklen (mafischen) Mineralien

Hz 88

- Orientierung der Körner: Die Bestandteile eines Gesteins können ganz beliebig angeordnet sein, das Gefüge wird dann als richtungslos oder massig bezeichnet.Wir finden solche Gefüge oft bei magmatischen oder bei gewissen metamorphen Gesteinen.
  Vielfach ist bei Sedimenten jedoch durch Ablagerungen ein lagiges oder geschichtetes Gefüge entstanden. Auch bei metamorphen Gesteinen liegt meist eine gute Einregelung der Mineralien in einer Fläche vor, die als Schieferung bezeichnet wird.
- Raumerfüllung: Viele Gesteine lassen zwischen den einzelnen Bestandteilen keinen offenen Raum übrig. Bei andern hingegen ist ein Porenraum vorhanden, in dem Luft, Wasser oder andere Gase und Flüssigkeiten eingelagert sein können.

Wir wollen bei den einzelnen Gesteinsgruppen, den magmatischen, den sedimentären und den metamorphen Gesteinen, näher auf ihren Mineralbestand und ihr Gefüge eingehen.

Magmatismus und magmatische Gesteine

Die augenfälligste magmatische Erscheinung sind sicher die Vulkane, wo das Magma aus dem Erdinnern als Lava an die Erdoberfläche tritt. Vielfach aber bleibt das Magma, d.h. die Schmelze, welche Mineralien und Gase mit sich trägt, irgendwo in der Erdkruste stecken, kühlt ab und erstarrt zu Gestein. Alle diese Gesteine, die aus dem Magma entstehen, heißen magmatische oder Eruptiv-Gesteine.

Wir können die magmatischen Gesteine einteilen in solche, die in der Erdkruste durch langsame Abkühlung entstehen, wobei die ganze Schmelze auskristallisiert (Tiefengesteine oder Plutonite) und solche, die an der Oberfläche entstehen (Vulkanite), wobei nur ein Teil oder gar nichts auskristallisiert, so daß ihre Struktur als teilweise kristallisiert oder als glasig bezeichnet wird. Das Gefüge (die Struktur) ist also abhängig vom Krustenstockwerk, in dem das Gestein entstanden ist.
Sowohl die Reihe der Plutonite als auch diejenige der Vulkanite kann auf Grund der mineralogischen Zusammensetzung noch näher unterteilt werden. Entscheidend ist dabei der Silizium-Gehalt der Schmelze. Bei hohem Si-Gehalt – die Schmelze und die Gesteine werden dann als «sauer» bezeichnet – besteht die Möglichkeit, daß Quarz (reines Si-Oxid) und daneben Feldspäte auskristallisieren. Bei mittleren Si-Gehalten (‹intermediär›) findet sich kein Quarz, sondern nur Feldspäte im Gestein, bei niedrigen (‹basisch›) nur Ca-Plagioklase und bei extrem niedrigen Si-Gehalten (‹ultrabasisch›) nicht einmal mehr Feldspäte, sondern Olivin als Hauptmaterial.

Die internationale Klassifikation teilt nun die Eruptivgesteine entspechend diesen Prinzipien in eine große Zahl von Gesteinsfeldern ein (vgl. Tabelle auf Seite 28). Dabei wird folgendermaßen vorgegangen:

1. Wie groß ist der Gehalt in Prozent an dunklen (mafischen) Mineralien = M? Für M = 0–90 gilt das große Dreieck, bei M = 90–100 handelt es sich um Ultramafitite.
2. Für M = 0–90 werden die Gesteine aufgrund ihres Anteils an den hellen Mineralien Quarz (Q), Alkalifeldspäte (A) und Plagioklas (P) eingeteilt, wobei gilt Q + A + P = 100. Dabei gilt, daß der Dreiecks-Punkt selbst (z.B. ‹A›) für 100% steht, die gegenüberliegende Seite für 0% (in unserem Beispiel ‹Q-P›). Je nach dem Feld im Dreieck, wo der darstellende Punkt hinfällt, ergibt sich der Gesteinsname. Dabei gibt es für jedes Feld einen Plutoniten (ganz kristallisiert) und einen Vulkaniten (teilweise kristallisiert).

Für den täglichen Gebrauch soll aber eine vereinfachte Einteilung herangezogen werden (vgl. Tabelle auf Seite 31). Zur Gesteinsbestimmung kann hier folgendermaßen vorgegangen werden:
1. Ist das Gestein ganz kristallisiert (wobei zwischen fein-, mittel- und grobkörnig unterschieden werden kann), teilweise kristallisiert oder glasig? Damit haben wir die ‹Höhe› in der Tabelle, aber auch das Krustenstockwerk bestimmt.
2. Enthält das Gestein Quarz + Feldspat, nur Feldspäte (welche?) oder keine dieser Mineralien? Jetzt wird noch das Feld, wo das Gestein zu suchen ist, bestimmt.
3. Bimsstein und Obsidian sind glasige, saure Vulkanite, dabei sind die Bimssteine äußerst porös (schwimmen), Obsidian dichte, schwarze Gläser.
4. Helle, feinkörnige Ganggesteine heißen Aplite, die dunklen Lamprophyre; die grobkörnigen nennen wir Pegmatite.

In beiden Tabellen ist die Gesteinsgruppe mit Feldspatvertretern (Nephelin, Leucit) der Vereinfachung zum Opfer gefallen. Dies ist jedoch nur eine kleine Minderheit; im Hegau und im Kaiserstuhl werden allerdings solche Gesteine angetroffen.

Die Orte, an denen magmatische Gesteine entstehen können, sind nicht wahllos über die Erde verteilt, sondern richten sich nach den plattentektonischen Strukturen, d.h. sind an die Plattengrenzen gebunden; andere finden sich innerhalb der Platten in Dehnungszonen (Gräben, Rheingraben) oder in extrem heißen Zonen (‹hot spots›, Hawaï). Die folgenden plattentektonischen Situationen sind für magmatische Prozesse in der Erdkruste von Bedeutung:

Im Bereich konstruktiver Plattengrenzen steigt Wärme aus der Asthenosphäre auf. Ebenfalls dringt im Bereich der mittelozeanischen Rücken geschmolzenes Material durch die extrem dünne Kruste und kristallisiert im Untergrund langsam aus. Dabei sinken die zuerst auskristallisierten Mineralien (vor allem Olivin) auf den Grund der Magmakammer, und es bilden sich Peridotite. Der Rest kristallisiert entweder ebenfalls aus – dabei entstehen Gabbros –, oder die noch flüssige Restschmelze dringt bis an die Oberfläche, wo sie in untermeerischen Vulkanen als Basalt ausfließt. Ihre Erstarrungsform als Kissen– oder Pillow-Laven ist charakteristisch für untermeerische Vulkane (siehe Seiten 64/65).

DIE WICHTIGSTEN ERUPTIVGESTEINE

	Struktur					
Vulkanische Gesteine	glasig porös / dicht	Bimsstein / Obsidian				
	teilweise kristallisiert	Ignimbrit / Rhyolith	Trachyt	Andesit	Basalt	
Ganggesteine	ganz kristallisiert: feinkörnig	Aplit	Lamprophyr	Diabas	Dolerit	
	ganz kristallisiert: grobkörnig	Pegmatit				
Plutonische Gesteine und ihre mineralogische Zusammensetzung	ganz kristallisiert: mittelkörnig	GRANIT Quarz+ Kalifeldspat+ Plagioklas+ Biotit	SYENIT Kalifeldspat+ Hornblende	DIORIT intermediärer Plagioklas+ Hornblende	GABBRO basischer Plagioklas+ Pyroxen+ Olivin+ Hornblende	PERIDOTIT Olivin+ Pyroxen+ Hornblende
Chemismus		sauer	intermediär		basisch	ultrabasisch

Hz 88

Übergang von einem untermeerischen Lavaerguß mit Kissenlava-Struktur (unten) zu einem Lavastrom an der Erdoberfläche (oben); Sizilien.

In Subduktionszonen (destruktive Plattengrenze) wird das Material aus einem oberflächlichen, kühlen Stockwerk in ein tiefes, viel wärmeres gebracht, und zwar so weit, bis es zur Gesteinsaufschmelzung kommt. Diese Magmen steigen in die darüberliegende Kruste der oberen Platte auf, hier kann zusätzlich noch Krustenmaterial aufgeschmolzen werden. Die Magmen kristallisieren als Plutone aus (Bildung von Graniten bis Dioriten) oder bilden an der Oberfläche Vulkane mit Andesit- bis Rhyolith-Ergüssen (siehe Seiten 60–63).

Bricht eine Platte mit kontinentaler Kruste langsam auseinander, so steigen in der sich bildenden Dehnungszone (die als Graben bezeichnet wird) Magmen auf, die chemisch ganz verschieden zusammengesetzt sein können. Bestes Beispiel dafür sind die ostafrikanischen Grabensysteme mit ihren Vulkankomplexen.

Finden sich in der Asthenosphäre besonders heiße Zonen (sogenannte ‹hot spots›), dringt hier Schmelze durch die kontinentale oder ozeanische Kruste bis an die Oberfläche und bildet Vulkane wie zum Beispiel die Hawaï-Inseln.

So finden wir einen engen Zusammenhang zwischen der Entstehung magmatischer Gesteine und den großräumigen Bewegungsvorgängen der Lithosphären-Platten auf der Erde.

Verwitterung → Erosion → Transport → Ablagerung und die Bildung von Sedimentgesteinen

Was passiert mit den Gesteinen (z.B. mit Granit, der in der Tiefe gebildet wurde) an der Erdoberfläche? Sie sind während längerer Zeit der Witterung, d.h. Regen und Wind, Hitze und Kälte ausgesetzt. Alle Gesteine an der Erdoberfläche verwittern. Je nachdem, ob es sich um ein eher trockenes Wüstenklima, feuchtes Tropenklima oder gemäßigtes Klima handelt, spielen verschiedene Faktoren wie Temperatur, Regenmenge, Windstärke und Relief eine Rolle bei der Verwitterung. Wir können daher verschiedene Verwitterungsarten unterscheiden:

- Mechanische Verwitterung: Durch unterschiedliches Ausdehnen und Zusammenziehen der Mineralien bei starken Temperaturschwankungen unter Wüstenklimaverhältnissen, das Gefrieren und Wiederauftauen von Wasser in Klüften bei kaltem Klima oder das Auskristallisieren von Salzen in Spalten kommt es zu einer Lockerung des Mineralgefüges und zu einer Sprengung des Gesteins. Die Salzsprengung geschieht nicht nur unter wüstenähnlichen Klimaverhältnissen, sondern kann auch bei uns vor allem an Sandsteingebäuden beobachtet werden.
- Chemische Verwitterung: Kalkstein wird durch Kohlensäuregas, das im Wasser als Säure wirkt, aufgelöst (besonders augenfällig in Karstlandschaften mit Karrenfeldern und Dolinen). Silikate (z.B. Feldspäte oder Glimmer) hingegen werden nicht wie Kalk aufgelöst, sondern wandeln sich unter Wasseraufnahme in andere Mineralien (z.B. Tonmineralien) um; dieser Vorgang wird als Hydrolyse bezeichnet.

Wird verwittertes Material mit Humus (Abbauprodukte von Pflanzen und Tieren) vermischt, entstehen Böden, die je nach Gesteinsuntergrund und Klima ganz verschieden aufgebaut sind. Charakteristisch für unser feucht-gemäßigtes Klima sind Braunerde-Böden. Nicht sehr fruchtbare Böden dagegen sind typisch für tropisches Klima, da die für das Pflanzenwachstum unerläßlichen Elemente wie z.B. Kalium ausgewaschen worden sind. In diesen Böden können sich aber auch gewisse Elemente wie Eisen oder Aluminium anreichern. Dies führt dann zu Laterit (mit Eisen) beziehungsweise Bauxit (mit Aluminium), die als Erzlagerstätten abgebaut werden können.

Meist bleiben die Verwitterungsprodukte nicht am Ort liegen, sondern werden wegtransportiert. An Berghängen kann das Material in Bewegung geraten und als *Rutschungen* oder *Bergstürze* zu Tale transportiert werden. Meist geschieht der Transport nicht nur durch die Schwerkraft, sondern es helfen Wind, Wasser oder Eis mit.

Wind als Transportmittel herrscht in Zonen ohne schützende Pflanzendecke vor, wie wir sie in heißen oder kalten Wüstengebieten vorfinden. Staub und Sand werden hier ausgeblasen, und das grobe Blockmaterial bleibt als Fels- oder Steinwüste zurück. Der sandreiche Wind schleift die Felsen ab, und es bilden sich bizarre Formen. Das weggetragene Material wird im heißen Klimabereich in Sandwüsten, oft in Form von Dünen, wieder abgelagert. Im kühlen

Gletscherlandschaft am Sustenpaß; der Gletscher hat sich leicht zurückgezogen, und die Moränen stauen einen kleinen See auf.

Bereich, im Vorfeld von Gletschern, setzt sich das ausgeblasene Material als Löß nieder. Dies ist ein oft schlecht zementiertes Gestein, bestehend aus feinsten Quarz- und Kalkkörnchen (Korngröße 0.01–0.05 mm, Silt) oft mit kalkreichen Konkretionen (Lößkindel). Lößgebiete finden sich nicht nur in Gebieten heutiger Gletscher. Auch bei den großen Vergletscherungen lagerten sich in den Gletscherrandgebieten, so zum Beispiel in China oder Norddeutschland, aber auch bei uns in der Umgebung von Basel oder im St. Galler Rheintal, Lößdecken ab.
In Glazialgebieten hobeln die *Gletscher* U-förmige Täler aus. Auf oder eingefroren im Gletscher kann Schutt vom Sandkorn bis zum riesigen Block wegtransportiert werden; dabei findet während des Transportes keine Sortierung des Materials statt. Dieser Schutt wird in Form von Moränen abgelagert, unter dem Gletscher als Grundmoräne oder randlich als Seiten- oder Endmoränen (Obermoränen). Typisches Moränenmaterial ist nur schlecht sortiert und enthält neben Blöcken, Steinen, Kies und Sand, Silt und feines Tonmaterial. Das aus dem Gletscher austretende Wasser sorgt dann für den Weitertransport. Allerdings können meist keine Blöcke mehr transportiert werden, und so bilden sich von der Gletscherzunge talabwärts mächtige Schotterebenen (Sander), wobei wegen der abnehmenden Transportkraft des Wassers hier eine Sortierung stattfindet (siehe auch Moräne, Seiten 66/67, und Schotter, Seiten 68/69).

ABLAGERUNGEN AUF DEM FESTLANDE

Klima	nival	humid (feucht) gemässigt	humid (feucht) tropisch	semiarid/arid (trocken)
Bodenbildungen	Strukturböden	Braun- und Schwarzerde Podsol	Terra rossa (Roterde) Laterit Bauxit Bohnerz (auf Kalk)	Wüstenlack
Gravitative Bildungen	Ablagerungen durch Fels- und Bergstürze, Rutschungen, Sackungen, Schuttströme Schutt- und Geröllhalden Solifluktion			
Glaziale Bildungen	Moränen, Tillite, geritzte Gerölle, Erratiker Gletscherschliffe			
Fluviatile Bildungen	Schotter - Sand "Sander"	Schotter Sand Silt, Ton Seifen	im allg. gut fraktionierte Sedimente	Fanglomerate Arkosen
Limnische Bildungen	Tone Warven	Seekreide Torf und Kohle		Evaporite
Aeolische Bildungen	Löss			Dünen, Windkanter, Blockwüste (mit ausgeblasenem Feinmaterial)

Hz 88

Wichtigstes Transportmittel, vor allem in unserem Gebiet, ist das *fließende Wasser*. Die Verwitterungsprodukte können entweder gelöst im Wasser oder als Feststoff befördert werden. Je nach Wassergeschwindigkeit und Korngröße des Materials schwebt dieses im Wasser (als Suspension) oder wird vom Wasser geschoben und gerollt (Geschiebefracht). Geschiebe wird nur bei Hochwasser verfrachtet und entfaltet dann eine ungeheure Erosionswirkung.
Nimmt die Wasserkraft ab, wird die Festfracht wieder abgelagert, sei es auf dem Festland, in Seen oder im Meer. Auch die gelöste Fracht kann wieder aus dem Wasser ausgeschieden werden; bekannt in den Schweizer Seen ist die Bildung von Seekreide im Mündungsbereich von Flüssen. Auch wenn im schweizerischen Mittelland die Landschaft außer durch Gletscherablagerungen (Moränen) vor allem auch durch Flußablagerungen geprägt ist (Schuttkegel, Schwemmlandebenen, Deltas, Seeablagerungen), findet doch die Bildung von Ablagerungs- oder Sedimentgesteinen hauptsächlich im Meer statt.

Von der Erdoberfläche werden über 70% vom *Meer* bedeckt; würden alle Höhen- und Tiefenunterschiede ausgeglichen, läge alles Land weit unter dem Meeresspiegel und der ganze Globus wäre von Wasser bedeckt. Wie wir schon im Kapitel über die Plattentektonik gesehen haben, ist auch der Meeresgrund nicht ein einheitliches Becken, sondern zeigt ein stark gegliedertes Gelände mit untermeerischen Hochgebirgsrücken und tiefen Gräben, die plattentektonischen Strukturen entsprechen. In jedem Meeresbereich tragen wieder andere Prozesse zur Sedimentbildung bei, und andere Tiergruppen leben dort. Dementsprechend unterscheiden sich auch die Sedimentgesteine aus den verschiedenen Zonen.
Unter der Facies (lat. Gesicht) eines Sediments verstehen wir dann alle Merkmale, die uns Rückschlüsse auf den Bereich erlauben, in dem das Gestein gebildet wurde, sowie auf die Bedingungen (Wassertemperatur, Salzgehalt, Wellenbewegung) während der Ablagerung.
Im *Küstenbereich* findet im Bereich von Flußmündungen die Ablagerung der herangebrachten Fracht statt, oft in Form von Deltas (z.B. Mississippi-Delta). Strömungen oder starke Gezeitenunterschiede können das Material jedoch auch weiter der Küste entlang oder ins Meer hinaus transportieren. Je nach Stärke der Strömungen kann nur feines oder auch gröberes Material transportiert werden, so daß bei der Ablagerung oft eine Trennung in verschiedene Korngrößenklassen stattfindet. Dabei können wir drei solcher Klassen unterscheiden: Psephite, Psammite und Pelite (siehe ‹Klastische Sedimente›, Seite 38).
Steilküsten dagegen werden durch die Brandung ständig erodiert und wandern langsam landeinwärts.
Im trockenen Klimabereich kann in abgeschlossenen Meeresbecken die Verdunstung so stark sein, daß sie größer ist als die Wasserzufuhr ins Becken hinein. So kommt es zur Ausscheidung der im Meerwasser gelösten Stoffe in Form von Gips, Anhydrit, Steinsalz, Kali- oder Magnesiumsalzen. Die letzteren werden aber nur bei extremer Eindampfung ausgeschieden, so daß Lagerstätten mit solchen Salzen entsprechend selten und umso wertvoller sind.

Watt (Küstenbereich) mit Wellenrippeln in den sandig-siltigen Ablagerungen.

In besonderen Küstenbereichen (z.B. am Persischen Golf) können sich auch Dolomite bilden, meist als Folge einer Umwandlung von Kalksteinen.
Im allgemeinen tritt im Meer neben der Schüttung von Material verschiedener Korngrößen vom groben Kies über Sand bis zu feinem Silt und Ton einerseits und der Ausscheidung von Mineralien aus dem Meerwasser andererseits ein dritter Prozeß auf, nämlich die Bildung von Ablagerungsgesteinen mit Hilfe von Lebewesen. Entweder sind die Lebewesen dabei selbst aktiv an der Bildung des Gesteins beteiligt (z.B. Algen, Korallen), oder die Hartteile (Schalen oder Skelettreste) von Lebewesen wie Muscheln oder Schnecken werden nach dem Tod des Tieres nicht zerstört, sondern in ein Gestein eingebaut.
Die hauptsächlichsten Ablagerungen im *Schelfbereich* sind Kalksteine verschiedenster Art, seien es extrem feine, mikritische Kalke, sparitische mit sichtbaren Calcit-Kristallen oder solche mit Fossilresten. Verschiedene Tiergruppen schwimmen oder schweben im untiefen Wasser oder leben am Meeresgrund. Die einen tragen Schalen aus Calcit oder Aragonit (anderes Mineral mit gleicher chemischer Zusammensetzung), so die Ammoniten (ausgestorben), Muscheln, Schnecken, Brachiopoden und Foraminiferen, andere bilden Calcit-Skelette wie die Schwämme oder Seelilien, oder sie leben in Gehäusen aus Calcit wie die Korallen, Kalkalgen oder Seeigel. Das Kalkmaterial seßhafter Tiere wird zum Teil am Ort, wo die Tiere gelebt haben versteinert, es bilden sich z.B. Riffkalke mit Korallen in ihrer Lebensstellung, oder die Gehäuse, Skelette und Schalen werden durch die Wellen und Brandung zerstört, und der Schutt wird zu Stein.

SEDIMENTGESTEINE

1 Klastische Sedimente

Entstehung durch mechanischen Zerfall und chemische Zersetzung vorhandener Gesteine und deren Umlagerung

Klassifikation nach Korngrösse:

Korn-durchmesser	Kornklasse		Lockergestein	Festgestein
> 2 mm	Psephite		Schutt (eckig) Schotter (rund)	Breccie (eckig) Konglomerat (rund)
0,06 - 2 mm	Psammite		Sand	Sandstein 1)
0,002 - 0,06 mm	Pelite	Silt	Silt	Siltstein
< 0,002 mm		Ton	Ton	Tonstein 2)

Hz 88

Spezialnamen:

1) Sandstein: vorwiegend aus Quarz
Kalksandstein: Quarzsand und kalkiges Bindemittel
Quarzit: > 90% Quarz
Arkose: Sandstein mit > 25% Feldspat
Grauwacke: Gesteinsfragmente, Quarz und Feldspat in toniger Matrix

2) Schieferton: schiefriger Ton, quillt im Wasser (engl. clay)
Tonschiefer: verfestigter, ev. leicht metamorpher Ton, quillt nicht im Wasser (engl. shale)

2 Karbonate

Ablagerung von feinem Kalkschlamm (Herkunft detritisch, biogen oder chemisch) ,sowie anorganischen Komponenten und Schalen- und Skelettresten

Kalkstein mit Calcit, ($CaCO_3$)
Mikrit (dichter Kalk)
oolithischer Kalk, (Ooide - Kalkkügelchen mit Schalenstruktur),
Muschelkalk, Lumachelle, Korallenkalk, Echinodermenbreccie (mit Seeigel- und Seelilienbruchstücken), Quelltuff, Seekreide

Dolomitstein (mit Dolomit, $CaMg(CO_3)_2$)

3 Evaporite

Ausfällung beim Eindampfen einer wässerigen Lösung

Steinsalz (NaCl), Sylvin (KCl)
Anhydrit ($CaSO_4$), Gips ($CaSO_4 \cdot 2H_2O$)

4 Silikate

Chemische Ausfällung oder Ablgerung von Skelettresten

Kieselkonkretionen, Silex, Hornstein (chemisch)
Radiolarite (biogen) Radiolarien = Einzeller

5 Kohlen und Kohlenwasserstoffe

Torf
Kohle (Braun-, Steinkohle, Anthrazit) } Landpflanzen
Erdöl, Asphalt marine Organismen

Spezialnamen:

Mergel: Mischung von Ton und Calcit/Dolomit
Rauhwacke: Stark poröses Gestein bestehend aus Mischung von Anhydrit/Gips und Calcit/Dolomit
Kieselkalk: Kalk mit Kiesel imprägniert

Einige Unterscheidungsmerkmale

Gestein	Hauptmineralien	Härte	Reaktion mit HCl 10% kalt	heiss	Entstehung
Kalk	Calcit	< Messer	+	+	biogen/chem.
Dolomit	Dolomit	< Messer	–	+	chemisch
Ton	Tonmineralien	<< Messer	–	–	detritisch
Evaporite	Gips/Anhydrit/Salze	<< Messer	–	–	chemisch
Kiesel	SiO_2 amorph	> Messer	–	–	vorw. biogen

Am *Kontinentalabhang* können sich größere Massen von Sedimentmaterial ansammeln. Dieses bleibt auf den extrem flachen Hängen so lange liegen, bis das Gewicht der instabilen Masse zu groß wird. Dann sausen (eventuell ausgelöst durch Erdbeben) die noch nicht verfestigten Sedimente als mächtiger Trübestrom den Abhang hinunter, oft in einem Unterwassertal. Am Fuße des Abhangs kommt die Lawine zum Stillstand, und das hinabgefahrene Material wird wieder abgelagert. Dabei fallen die groben Bestandteile sofort zu Boden, die feineren hingegen können sich noch in Schwebe halten und sinken erst nach und nach entsprechend ihrer Größe hinunter. So entsteht eine Sedimentschicht, Turbidit genannt, die zuunterst das gröbste Material enthält und gegen oben immer feiner wird. Die einzelnen Turbidite werden durch feine Tonlagen getrennt, die sich zwischen zwei Trübeströmen bilden (siehe Seite 74).
Im *Tiefseebereich* können sich keine Kalksteine bilden, da unterhalb einer bestimmten Tiefe (meist zwischen 4000–5000 Meter) Calcit wieder aufgelöst wird (Calcit-Kompensationstiefe). Von den absinkenden Schalen und Skeletten bleiben in solchen Tiefen also nur solche aus Kiesel zurück; insbesondere sind es die feinen Skelette der Radiolarien, einer Gruppe von Einzellern. In diesen Tiefen finden wir auch von Manganknollen übersäte Meeresböden; sie werden vielleicht schon bald als Rohstoff abgebaut.

Wird Material abgelagert, sei dies nun durch Schüttung vom Festland her (Kies, Sand, Ton) oder durch Bildung im Meer selbst (Kalkschlamm, Schalentrümmer), so entsteht nicht gleich ein festes Sediment, wie wir es heute im Jura oder in den Alpen finden, sondern ein lockerer Verband von Einzelkomponenten. Das Gestein muß also nach der Ablagerung noch einen Prozeß der Verfestigung durchmachen, den wir als Diagenese bezeichnen. Dabei geraten die Gesteine wegen der Überlagerung weiterer Schichten unter erhöhten Druck, viele Poren im Gestein werden geschlossen, und die Mineralien (z.B. Quarz oder Calcit) kristallisieren neu.

Eine besondere Art von Sedimentgesteinen sind diejenigen mit einem hohen Anteil an organischem Material, das von tierischen und pflanzlichen Resten herkommt. Für die Bildung dieser Gesteine ist es wichtig, daß bei ihrer Entstehung kein Sauerstoff vorhanden ist, der das organische Material vollkommen zersetzen würde. So entstehen aus pflanzlichen Resten insbesondere Torf und Kohlen mit verschiedenen Brennwerten oder als reiner Kohlenstoff das Mineral Graphit. Erdöl und Erdgas bilden sich aus vorwiegend tierischen Resten in Meeren, wo am Grund Sauerstoffmangel herrscht. Dies sind sogenannte euxinische Verhältnisse, wie sie im Schwarzen Meer (griech. Euxeinos Pontos) herrschen. Aus den Faulschlämmen, die sich am Grund bilden, können später die umgewandelten organischen Reste auswandern und sich in bestimmten porösen Gesteinen ansammeln, wenn das Dach dieser Schichten undurchlässig ist. Durch Erbohren kann dann das Erdöl und Erdgas aus den Speichergesteinen gewonnen werden. Diese während Jahrmillionen langsam gewachsenen und gewordenen Bodenschätze werden vom Menschen jetzt in ca. 100 Jahren wieder vollständig verbrannt.

Gesteinsmetamorphose und metamorphe Gesteine

Was passiert mit einem Kuchenteig, wenn man ihn in einen heißen Backofen schiebt? Er wandelt sich um und kommt als gebackener Kuchen heraus. Genauso geht es auch den Gesteinen – sie werden umgewandelt oder metamorphisiert. Wohl bleibt bei der Metamorphose die chemische Zusammensetzung eines Gesteins erhalten, geändert wird aber die Mineralogie und das Gefüge, das heißt, es entsteht ein neues Gestein, ein sogenanntes metamorphes Gestein. Diese Umwandlung geschieht im Gestein selbst, es bleibt dabei im festen Zustand, ohne daß eine Schmelze an diesem Prozeß beteiligt ist. Was sind die wesentlichen physikalischen Faktoren, welche die Gesteinsmetamorphose beeinflussen?

In erster Linie ist es eine erhöhte Temperatur. Wärme kann aus der Tiefe mit aufsteigenden Magmen in oberflächennähere Bereiche gelangen, z.B. bei der Bildung eines Granitkörpers. Die Wärme aus dem Magma wird dann auch das Umgebungsgestein, in welches der Granit eindringt, erwärmen und eine mineralogische Umwandlung dieser Gesteine am Kontakt zum Eruptivgestein bewirken. Da die Tempratur vom Kontakt weg gegen außen auf die normale Umgebungstemperatur abnimmt, werden bei der Umwandlung entsprechend der Distanz zum Kontakt andere Mineralien neu wachsen. Bei einer solchen Kontaktmetamorphose bilden sich also um den Eruptivgesteinskörper schalenförmige Zonen gleicher Metamorphoseintensität, wobei der Grad der Metamorphose vom Kontakt gegen außen abnimmt. Die Gesteine, die in einem Kontakthof neu gebildet werden, sind meist sehr feinkörnig, und die Mineralien sind nicht in einer Richtung, sondern ganz wirr im Gestein angeordnet, d.h. das Gefüge ist massig oder richtungslos. Wir bezeichnen metamorphe Gesteine, die durch eine Kontaktmetamorphose entstanden sind, als Hornfelse.

Statt daß die Wärme hinaufkommt, können die Gesteine auch zu ihr hinunter fahren. In der Erdkruste nimmt die Temperatur von der Oberfläche gegen das Innere ständig zu und zwar durchschnittlich um ungefähr 1°C pro 30 Meter. Dies ergibt eine Temperatur von 33°C pro Kilometer, oder anders ausgedrückt: in 10 Kilometer Tiefe ist es ca. 300°C warm. Werden nun die Gesteine in größere Tiefen versenkt, etwa in einem Sedimentbecken (über 10 Kilometer), in einer Subduktionszone (bis 50 Kilometer) oder während einer Gebirgsbildung (bis etwa 30 Kilometer), so gelangen sie unter Bedingungen erhöhter Temperaturen. Wir sprechen in diesen Fällen von Versenkungs- oder bei der Gebirgsbildung von Regionalmetamorphose.

Mit zunehmender Tiefe nimmt neben der Temperatur auch der Druck zu, da ja die Überlast in größeren Tiefen größer ist. Gesteine haben eine Dichte von ungefähr 2,8 g/cm^3. Pro 10 m Gesteinsüberlast nimmt also der Druck um ca. 2,8 kg/cm^2 zu, was ungefähr 2,8 Atmosphären entspricht. In 10 km Tiefe herrscht also ein Gesteinsdruck von 2800 atm = 2,8 kbar (bei einer Temperatur von etwa 300°C). Entsprechend lassen sich die ungefähren Druck-Temperatur-Bedingungen für jede Tiefe berechnen (bei einem durchschnittlichen Temperaturgradienten).

Viele Mineralien können nur unter bestimmten Druck-Temperatur-Bedingungen gebildet werden. Wenn wir also ein bestimmtes Mineral (z.B. Chlorit) finden, gibt uns dieses einen Hinweis auf die Bildungsbedingungen und so auf die Metamorphose-Bedingungen während des Wachstums. Aufgrund von Gesteinen mit einer charakteristischen Mineralzusammensetzung lassen sich bestimmte Druck-Temperatur-Felder gegeneinander abgrenzen. Wir bezeichnen alle Gesteine, die unter diesen gleichen Bedingungen gebildet werden können, als metamorphe Fazies (siehe Schema der metamorphen Fazien). Dabei können wir folgende Bereiche unterscheiden:

- Kontaktmetamorphe Fazien sind charakterisiert durch niedrige Drucke (das Magma bringt ja die Wärme in untiefe Bereiche von wenigen Kilometern) und steigende Temperaturen gegen den Intrusionskontakt hin.
- Blauschiefer- und Eklogit-Fazies sind typisch für die Versenkungs- oder Hochdruckmetamorphose mit hohen Drucken und relativ niedrigen Temperaturen. Beim Versenken kalter Gesteinsmassen aus oberflächennahen Bereichen steigt wohl der Druck entsprechend der Tiefenlage an, die Erwärmung der Gesteine erfolgt jedoch nur mit einer gewissen Verzögerung, da die Wärme nur langsam durch das Gestein fließen kann. Die Versenkung von Gesteinen erfolgt in Subduktionszonen, wo die Platte mit ozeanischer Kruste unter diejenigen mit kontinentaler Kruste abtaucht, oder am Anfang einer Kollision zweier kontinentaler Platten, d.h. am Anfang der Entwicklung einer Gebirgskette wie z.B. der Alpen. Die Hochdruckmetamorphose in den Alpen läßt sich mit ca. 100 Millionen Jahren datieren; dieser Zeitpunkt markiert somit den Beginn der alpinen Gebirgsbildung.

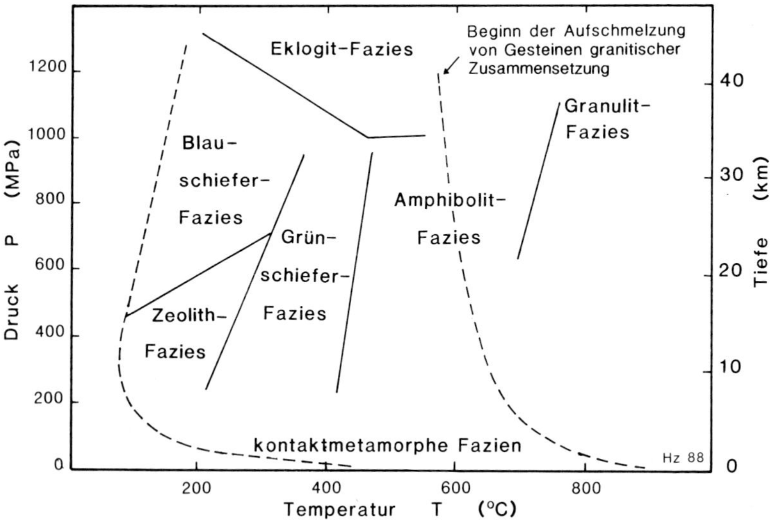

SCHEMA DER METAMORPHEN FAZIEN

- Grünschiefer- und Amphibolit-Fazies finden sich in Gebieten, die eine Regionalmetamorphose durchmachen. Die Druck-Temperatur-Bedingungen entsprechen im großen denjenigen, wie sie oben für eine durchschnittliche Temperaturzunahme abgeleitet worden sind. Nach Beginn der Gebirgsbildung verbunden mit einer Versenkungsmetamorphose kann die Temperatur häufig ebenfalls auf die der Tiefe entsprechenden Werte ansteigen, so daß im weiteren Verlauf einer Gebirgsbildung eine Regionalmetamorphose erfolgt. Dabei bilden sich die metamorphen Gesteine bei der Grünschiefer-Fazies unter Temperaturen von 300–450°C unter Drucken von etwa 3–5 kbar, bei der Amphibolit-Fazies darüber. Je nach Druck kann es bei Temperaturen von etwa 600–700°C zu einer beginnenden Aufschmelzung in granitischen Gesteinen kommen, insbesondere wenn diese noch einen gewissen Anteil Wasser enthalten. Mit steigenden Temperaturen steigt der Schmelzanteil, und auch basischere Gesteine beginnen aufzuschmelzen. Wir bezeichnen diesen Vorgang als Migmatit-Bildung.
- Die Granulit-Fazies ist nur in wasserarmen Gesteinen entwickelt, die in großen Tiefen unter hohen Drucken und Temperaturen umgewandelt worden sind (wasserhaltige würden unter diesen Bedingungen aufschmelzen). Sie ist typisch für Gesteine aus der unteren Kruste.

Migmatite aus den Tessiner Alpen.

Jedes Gestein, das unter andere Druck-Temperatur-Bedingungen gelangt, wird metamorphisiert, unabhängig davon, ob es sich um ein Eruptivgestein, ein Sedimentgestein oder ein schon metamorphes Gestein handelt. Häufig kann die Herkunft des metamorphen Gesteins, ob es sich um ein ursprüngliches Eruptiv- oder Sedimentgestein handelt, noch erkannt werden. Da der Chemismus bei der Umwandlung nicht verändert wird, dieser aber für bestimmte Eruptiv- oder Sedimentgesteine typisch ist, kann so auf die Herkunft geschlossen werden (siehe Tabelle ‹Metamorphe Gesteine›).
Metamorphe Gesteine sind vor allem durch ihr Gefüge charakterisiert, das durch die Zerscherung des Gesteins bei der Versenkung oder Gebirgsbildung

METAMORPHE GESTEINE

Allgemeine Namengebung :

Name	Gefüge	Beschreibung
Hornfels	felsig	richtungslose Anordnung feinkörniger Mineralien bei Gesteinen der Kontaktmetamorphose
Fels	massig	richtungslose Anordnung mittel- bis grobkörniger Mineralien bei Gesteinen der Regionalmetamorphose
Gneis	gneisig	grob geschiefert, spaltet im cm- bis dm-Bereich
Schiefer	schieferig	spaltet im mm-Bereich
Phyllit	phyllitisch	sehr fein geschiefert, spaltet unterhalb mm-Bereich

Die mit über 5% am Gestein beteiligten Mineralien werden mit zunehmender Häufigkeit dem Namen vorangestellt
Beispiele: Staurolith-Granat-Zweiglimmer-Plagioklas-Schiefer
Hornblende-Biotit-Plagioklas-Gneis
Granat-Olivin-Fels

Hz 88

Spezialnamen:

Amphibolit:	Hornblende - Plagioklas - Fels oder - Gneis
Eklogit:	Omphacit (Pyroxen) - Granat - Fels
Marmor:	Vorwiegend Calcit und/oder Dolomit
Quarzit:	> 90% Quarz

entsteht. Die Gesteine brechen meist in plattige Stücke, wobei die Dicke dieser Platten von wenigen Millimetern bis einige Zentimeter sein kann. Wir bezeichnen diese plattige oder lagige Anordnung der Mineralien in metamorphen Gesteinen als Schieferung, und das Gefüge, je nach Intensität der Schieferung, als gneisig, schieferig oder phyllitisch (siehe Tabelle ‹Metamorphe Gesteine›). Das Gefüge gibt dann auch dem Gestein seinen Stammnamen: Fels, Gneis, Schiefer oder Phyllit.
Eine genauere Namensgebung geschieht durch die Mineralien, die im Gestein enthalten sind. Deren Namen werden dem Stammnamen vorangestellt, wobei mit demjenigen begonnen wird, das am wenigsten vertreten ist. Neben vielen Mineralien, die in Eruptiv- oder Sedimentgesteinen auch vorkommen können (z.B. Quarz, Feldspäte, Glimmer, Hornblenden, Olivin, Calcit, Dolomit), findet man in metamorphen Gesteinen eine genze Menge Mineralien, die nur in solchen vorkommen können. Darunter befinden sich z.B. Granat, Andalusit, Disthen, Sillimanit, Staurolith, Vesuvian, Cordierit, Diopsid, Omphacit, Jadeit, Wollastonit, Tremolit, Aktinolith, Glaukophan, Talk, Serpentin, Chlorit, Skapolith. Viele dieser Mineralien sind typisch für bestimmte Metamorphose-Bedin-

DIE WICHTIGSTEN METAMORPHEN GESTEINE

Intensität der Metamorphose				Ursprüngliche Sedimentgesteine: Kalke/Dolomite	Ursprüngliche Sedimentgesteine: Sandsteine	Ursprüngliche Sedimentgesteine: Tonsteine
schwach	Albit-Sericit-Chlorit-schiefer	Grünschiefer Albit-Chlorit-Epidot-Aktinolith-schiefer	Talk-Serpentin-schiefer	Calcit-Dolomitit-Talk-Calcit-Phlogopit-Marmore	Sericit-Chlorit-Quarzite	Tonschiefer Albit-Sericit-Chlorit-schiefer
mittel	Zweiglimmer-schiefer und gneise	Amphibolite	Talkschiefer Serpentinite Tremolit-serpentinite	Calcit-Dolomit-Tremolit-Calcit-Diopsid-Calcit-Phlogopit-Marmore	Muskwit-Biotit-Quarzite	Zweiglimmer-Staurolith-Disthen-Granat-schiefer und -gneise
stark	Biotit-Kalifeldspat-(Pyroxen-)gneise	Amphibolite Granat-Amphibolite Eklogite	Olivinfels Spinell-Olivin-Fels	Calcit-Dolomit-Olivin-Calcit-Kalifeldspat-Marmore	Kalifeldspat-Biotit-Quarzite	Kalifeldspat-Sillimanit-Disthen-Granat-Gneise
	Granite	Gabbros/Basalte	Peridotite			
	Ursprüngliche Eruptivgesteine					Hz 88

gungen (man vergleiche die Tabelle der wichtigsten metamorphen Gesteine). Eine genaue Beschreibung aller dieser Mineralien würde aber den Rahmen dieses Gesteinsführers sprengen, deshalb sei auf Mineralienbücher verwiesen.

Eine besondere Gruppe von metamorphen Gesteinen sind diejenigen mit einem ausgesprochenen Deformationsgefüge. Während ihrer Entstehung wurden diese Gesteine extrem stark verformt, was sich in einer besonders starken Kornverkleinerung zeigt. So finden sich solche Gesteine z.B. in Bruchzonen oder in Überschiebungshorizonten, wo eine mächtige Gesteinsmasse als sogenannte Decke über eine andere geschoben wurde. Je nach Temperatur, d.h. je nach Tiefenlage, waren andere Mechanismen für diese Verformung verantwortlich. In oberflächennahen Niveaus war es eine extrem spröde Verformung, die Körner wurden zerbrochen, und das Gestein verlor seinen Zusammenhalt. Es entstand ein feines Mehl von zerriebenem Gestein oder auch ein Lockermaterial von Gesteinsbruchstücken. Wir bezeichnen diese Gesteine als *Kakirite.* Weniger oberflächennah bis in Tiefen von etwa 10 Kilometern, dies entspricht einer Temperatur von ca. 300°C, ist die Verformung immer noch spröde (= Kataklase). Die Mineralkörner zerbrechen, das Gestein behält aber seinen inneren Zusammenhalt (Kohäsion), und es entstehen meist feinkörnige Festgesteine, die wir als *Kataklasite* bezeichnen. Bei Temperaturen über etwa 300°C reagieren Quarz und Calcit nicht mehr spröde, sonder duktil; es entstehen *Mylonite.* Die Körner zerbrechen jetzt nicht mehr. Die Kornverkleinerung wird dadurch bewirkt, daß durch die Zerscherung große Körner in viele kleinere Domänen aufgeteit werden oder kleine Körnchen neu rekristallisieren. Häufig werden auch größere Körner extrem ausgewalzt. Daneben können wir noch Mineralien wie Feldspat oder Glimmer als nicht verformte Großkörner in der feinkörnigen Grundmasse finden.

2. Teil
Gesteine der Schweiz

Aaregranit

Das größte zusammenhängende Granitgebiet in den Schweizer Alpen mit einer Oberfläche von rund 550 km^2 bildet der ‹Zentrale Aaregranit›, die Kernzone des Aarmassivs. Dieses Granit-Gneis-Massiv erstreckt sich nördlich von Rhone und Rhein von Visp über Aletschhorn, Grimselgebiet, Urner Reusstal bis in die Gegend zwischen Disentis und Tödi. Es handelt sich bei diesem Gestein um einen eigentlichen Granit (Feld 2, Tabelle S. 28) mit 30–40% Quarz, 30–50% Kalifeldspat, 20–40% Plagioklas und bis 10% Biotit. Gut ist der glasklare Quarz zu erkennen, der oft aber stark zerbrochen ist, so daß wir von ‹Sandquarz› sprechen. Die Feldspäte sind hell, weißlich oder manchmal leicht grünlich gefärbt. Der Biotit kontrastiert durch seine dunkelgrüne bis schwarze Färbung.

Kalifeldspäte und Plagioklase sind nur unter dem Mikroskop zu unterscheiden. Hier ist auch die typische Abfolge der Mineralien, wie sie bei der Auskristallisation aus einem Magma zustande kommt, noch gut zu beobachten: Zuerst sind die Feldspäte und die Biotite auskristallisiert. Insbesondere die Feldspäte konnten dabei ihre eigene typische Kristallform einnehmen. Der Quarz hingegen, der erst nachher auskristallisierte, mußte mit dem noch verbliebenen Platz vorlieb nehmen und füllt deshalb die Zwickel zwischen den andern Mineralien aus.

Altersbestimmungen geben für die Intrusion des Zentralen Aaregranites ein Alter von ca. 280 Mio. Jahren. Der Granit ist also nicht während der Al-

Granitlandschaft am Grimselpaß

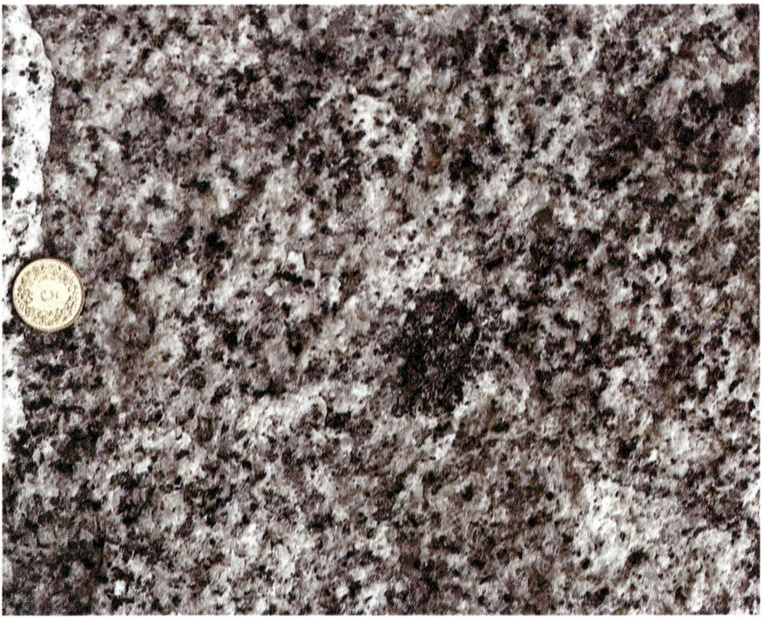

penbildung, sondern während einer früheren Gebirgsbildung, der hercynischen, in die Oberkruste eingedrungen und erstarrt. Während der Alpenbildung ist dieser Granit allerdings unter einer Überlast von ungefähr 10 km leicht umgeformt und metamorphisiert worden. So können wir heute oft gut geschieferte Partien im sonst massigen Granit finden, auch sind in diesen verschieferten Partien die Mineralien umkristallisiert: Die Feldspäte haben sich oft in Sericit oder Muskovit umgewandelt, die Biotite in Chlorit. So können wir am Weg auf die Grimsel sehr gut den Übergang von einem Eruptivgestein in ein metamorphes Gestein studieren.
Im Zusammenhang mit der alpinen Verformung sind in einer späteren Phase auch Zerrklüfte aufgerissen. In diesen Hohlräumen zirkulierten Lösungen, aus denen Quarz, Chlorit,

Aaregranit mit Quarz (gräulich), Feldspat (weiß) und Biotit (schwarz)

Calcit und viele andere seltenere Mineralien auskristallisieren konnten. Da diese Mineralien in den Hohlräumen Platz zur Ausbildung ihrer eigenen Kristallform hatten, finden sich hier die berühmten Vorkommen, nach denen die Strahler suchen.
In wenigen Steinbrüchen im Urner Reusstal und an der Grimselpaßstraße wird der Aaregranit heute noch abgebaut.

Bergeller Granit

Im Gegensatz zum zentralen Aaregranit (Seite 48), der ein hercynisches Alter aufweist, handelt es sich beim Bergeller Granit um eine Intrusion während der alpinen Gebirgsbildung, deren Alter mit ungefähr 30 Mio. Jahren bestimmt wurde. Auch wenn wir im allgemeinen vom Bergeller Granit sprechen, so können wir doch zwei verschiedene Gesteinstypen gut unterscheiden. Die Hauptmasse wird von einem granodioritischen Gestein eingenommen. Seine Zusammensetzung sieht folgendermaßen aus: 20–30 % Quarz, 20–30 % Kalifeldspat, 30–50 % Plagioklas und bis 10 % Biotit. Auffallend sind in diesem Gestein die zentimetergroßen Kalifeldspäte, die in einer feineren Grundmasse schwimmen. Oft kann aufgrund der Anordnung dieser Einsprenglinge noch die Fließrichtung des Magmas bestimmt werden. Der vor allem am Südrand auftretende Tonalit, der in einem schmalen Zug auch über das Mera-Tal und den Passo San Iorio bis in die Gegend von Giubiasco verfolgt werden kann, ist vor allem reicher an Plagioklas und zeigt vermehrt Hornblende statt Biotit als dunkles Mineral (5–15 % Quarz, bis 10 % Kalifeldspat, 50–60 % Plagioklas, 10–20 % Biotit, 15–20 % Hornblende).

Das Eindringen der granitischen Gesteine hat im Osten in einer Tiefe von wenigen Kilometern, im Westen da-

Am Ostrand intrudiert der Bergeller Granit in den Ophiolith-Komplex

Bergeller Granit mit großen Kalifeldspat-Einsprenglingen

gen in Tiefen von etwa 20 km stattgefunden. So haben die heißen Intrusiv-Massen von rund 700°C die relativ kühlen Umgebungsgesteine im Osten, die nur etwa 200°C hatten, beim Eindringen stark erwärmt. Unmittelbar am Kontakt war die Erwärmung am stärksten, vom Granit-Massiv weg hat sie kontinuierlich abgenommen, so daß es zur Ausbildung eines sogenannten Kontakthofes kam. Dabei sind die Umgebungsgesteine umkristallisiert worden, ohne dabei verformt zu werden (Kontaktmetamorphose, S. 106). Es haben sich dabei Mineralien wie Andalusit, Sillimanit, Granat, Cordierit, Diopsod, Biotit, Hornblende und Plagioklas gebildet, die für die Temperaturen, wie sie im Kontakthof geherrscht haben, typisch sind.

Am Kontakt selbst kann der starke Gegensatz zwischen den gut geschieferten Gneisen, die während dem Höhepunkt der alpinen Verformung entstanden sind, und den massigen Graniten, die von einer späteren Verformung verschont wurden, gut beobachtet werden. Oft sind auch granitische Gänge, aber auch feinkörnigere Aplite oder grobkörnigere Pegmatite zu erkennen, die das gneisige Nebengestein durchschlagen.

Gabbro

Gabbros als Vertreter der basischen Plutonite sind in der Schweiz nur sehr selten, wie auch andere Eruptivgesteine eher dünn gesät sind und die metamorphen Gesteine in den Alpen stark überwiegen. Im Wallis (‹Zone von Zermatt – Saas Fee›) und im Bündnerland (‹Platta-Decke›) finden wir jedoch in einer schmalen Zone, die aus Resten der ehemaligen ozeanischen Kruste der Tethys (des Ozeans, der sich im Mesozoikum zwischen Afrika und Europa entwickelte) besteht, Gabbros aus dem tieferen Teil der Kruste. Wegen ihrer Widerstandsfähigkeit gegenüber der Verformung haben diese Gabbros die ganze Entwicklungsgeschichte vom Ozean zum Hochgebirge vielfach ohne großen Schaden überstanden (vgl. Einleitung). Allerdings sind auch sie von der Metamorphose erfaßt worden, und die ursprüngliche Mineralogie eines Gabbros, basischer Plagioklas, Pyroxen, ev. Olivin oder Hornblende, ist praktisch nicht mehr zu erkennen. Trotzdem sehen die Gesteine vom Gefüge her noch wie Gabbros aus. Die hellen Partien, wo ehemals der basische Plagioklas saß, bestehen heute aus Albit, Zoisit und Epidot, manchmal sind im Allalingabbro noch Relikte von typischen Hochdruckmetamorphose-Mineralien wie Jadeit oder Omphacit zu fin-

In einer Ophiolithzone sind Gabbros als Linsen erhalten geblieben, der Rest ist in Amphibolit umgewandelt, Valle Vigezzo/Centovalli

Gabbro mit dunklen Amphibolen und hellem Plagioklas, Villadossola (Italien)

den. Wir bezeichnen diese Umwandlung des Plagioklas in andere Kalzium- und Natrium-Mineralien als Saussuritisierung (benannt nach H. B. de Saussure, 1740–1799, Naturforscher, der heute auf den 20-Franken-Noten abgebildet ist). Auch die dunklen Mineralien, ursprünglich waren es vor allem Pyroxen und Olivin, sind nicht erhalten geblieben, sondern im Verlaufe der Geschichte in den letzten 100 Millionen Jahren in Hornblende oder Chlorit umgewandelt worden.

Wie auch die Gabbros in der ozeanischen Kruste stark von basischen Gängen durchsetzt sind, die als Zufuhrkamine für die untermeerischen Vulkane dienten (siehe Kissenlava), finden wir auch in den Gabbrokomplexen des Allalinhorns und des Oberhalbsteins häufig feinkörnige, z.T. auch verschieferte Partien, die als ursprüngliche Gänge zu deuten sind. In der Kruste stiegen die Magmen mehr oder weniger senkrecht zum Meeresgrund hinauf, die Lage der Gänge war dementsprechend vertikal. Heute aber sind sie durch die Bewegungen während der Gebirgsbildung gekippt und können jede beliebige Lage einnehmen.

Wem der Weg aufs Allalinhorn zu beschwerlich ist, der kann diese Gesteine auch im Saaser Tal studieren, wo der Allalingletscher sie in den Moränen (z.B. unterhalb der Mattmark-Staumauer) zurückgelassen hat.

Pegmatit

Plutonite (Tiefengesteine) enthalten im allgemeinen Mineralien, die eine Korngröße im Bereich von einigen Millimetern bis 1–2 Zentimetern aufweisen (gleichkörnig). Manchmal findet sich auch eine Mineralart, die größer ist und aus der Masse der feineren Körner herausragt (ungleichkörnig). Neben diesen mittelkörnigen Gesteinen finden wir die gleiche mineralogische Zusammensetzung auch in Gesteinen, die eine Korngröße im Zentimeter-Bereich aufweisen und die wir dann als grobkörnig bezeichnen. Ganz allgemein, das heißt ohne Berücksichtigung der Mineralogie, werden diese als *Pegmatite* bezeichnet. Wir können dann präzisieren, ob es sich um einen Granit-Pegmatit (meist auch nur als ‹Pegmatit› bezeichnet), einen Syenit-Pegmatit oder einen Gabbro-Pegmatit handelt. Pegmatite bilden keine großen Körper wie die Plutonite, sondern sind in schmalen Spalten, die als Gänge bezeichnet werden, entstanden. Besondere Verhältnisse (z.B. der erhöhte Gasdruck) erlauben dort die Bildung von außerordentlich großen Kristallen. Die Schmelzen, aus denen granitische Pegmatite auskristallisieren, sind chemisch verglichen mit den entsprechenden mittelkörnigen Graniten meist leicht unterschiedlich zusammengesetzt; insbesondere enthalten sie vielfach seltenere Elemente wie Lithium, Fluor, Chlor, Bor oder Beryllium. So finden wir dann in den

Pegmatit-Gänge parallel zur Schieferung, Brissago (TI)

Pegmatit mit großen Feldspat-Kristallen, Brissago (TI)

Pegmatiten auch Mineralien, die solche Elemente enthalten, z.B. Lithiumglimmer, Topas (mit Fluor), Turmalin (mit Bor) oder Beryll. Manchmal werden Pegmatite gerade wegen dieser seltenen Elemente abgebaut. Daneben sind aber auch der Kalifeldspat und die großen Glimmer als Rohstoff sehr begehrt.
Wir finden solche grobkörnigen Ganggesteine nicht nur in Intrusivkörpern (z.B. einem Granitstock) und ihrem Umgebungsgestein (dieses ist meist kontaktmetamorph), sondern auch in Gebieten, die eine starke Regionalmetamorphose (mindestens in Amphibolitfazies) durchgemacht haben. So finden sich in den Schweizer Alpen Pegmatite nicht nur im Gebiet des Aaregranites (Seite 48) und in den Graniten des Gotthard-Gebietes, sondern auch in weiten Gebieten in den Gneisen der Tessiner Alpen.

Diese Pegmatite in metamorphen Gesteinen weisen allerdings nicht die spezielle Zusammensetzung mit seltenen Elementen auf, wie wir sie in Intrusivgebieten finden.

Aplite und Lamprophyre

Neben den grobkörnigen Pegmatiten finden wir auch andere Ganggesteine, nämlich helle *Aplite* und dunkle *Lamprophyre*. Gleich wie bei den Plutoniten gibt es auch bei diesen Gesteinsgruppen eine große Zahl verschiedener Gesteine, entsprechend der chemischen Zusammensetzung der Schmelze, aus der sie auskristallisiert sind. Merkmal all dieser Gesteine ist ihr extrem feinkörniges Gefüge, sind doch die Mineralkörner oft nur Bruchteile von Millimetern groß. Dieses Gefüge deutet auf ihre Entstehung hin: Im Intrusivkörper, der langsam abkühlt, bilden sich Spalten, entlang welcher Restmagmen nochmals emporsteigen können. Beide Gruppen von Ganggesteinen können in Verbindung mit einer Intrusion zusammen auftreten; dabei sind die Aplite die älteren Gänge, die von den jüngeren Lamprophyren durchschlagen werden. Durch die schnelle Abkühlung der Schmelze bilden sich nur kleine Körner, es kristallisiert jedoch im Gegensatz zu den vulkanischen Gesteinen alles aus. Der Wassergehalt dieser Schmelzen muß sehr gering sein, sonst würden sich ja grobkörnige Pegmatite bilden können.

Aplite sind helle, feinkörnige Ganggesteine, meist von granitischem bis syenitischem Chemismus. Dementsprechend sind sie extrem reich an Quarz und Feldspäten; dunkle Mineralien sind nur in geringen Mengen vorhanden. Meist zeigen die Aplite

Feinkörniger Aplit im Bergeller Granit

Lamprophyrgang im Aarmassiv

eine ähnliche Mineralogie wie der Intrusivkörper, den sie durchschlagen. *Lamprophyre* sind dunkle, feinkörnige Ganggesteine. Im Gegensatz zu den Apliten, bei denen die hellen Mineralien angereichert sind, machen bei den Lamprophyren die dunklen Gemengteile die Hauptmasse des Gesteins aus. Vielfach läßt sich eine Mineralart erkennen, deren Korngröße diejenige der Grundmasse übersteigt; sie sind also nicht streng gleichkörnig. Entsprechend diesen deutlich erkennbaren Mineralien können dann auch die Lamprophyre näher unterteilt werden. So finden wir an kritischen Mineralien z.B. Biotit (‹Minette›, ‹Kersantit›), Hornblende (‹Vogesit›, ‹Spessartit›).
Beide Gesteinsgruppen finden wir in der Schweiz in Verbindung mit hercynischen Granitstöcken (Aaregranit, Seite 48), während der alpine Bergellergranit (Seite 50) nur eine saure Ganggefolgschaft mit Apliten und Pegmatiten aufweist. Die Aplite weisen oft noch ihre ursprünglichen Merkmale auf, die Lamprophyre im Aarmassiv sind jedoch vielfach umkristallisiert und zeigen einen metamorphen Mineralbestand.

Rofna-Porphyr

Der Weg von Thusis zum San Bernardino führt zuerst durch die Viamala. Hier hat sich der Hinterrhein durch die Bündnerschiefer (Seite 116) eingefressen. Auch im Schams zwischen Zillis und Andeer, wo die Landschaft wieder weiter wird, befinden wir uns noch in einem Gebiet, das aus Sedimenten aufgebaut ist. Erst oberhalb Andeer, in der Rofna-Schlucht, erreichen wir den kristallinen Untergrund. Allerdings liegt dieser Sockel nicht mehr an seinem ursprünglichen Ort, denn er ist während der alpinen Gebirgsbildung als kilometermächtige Decke, genannt Suretta-Decke, von Süden her überschoben worden. Heute finden wir Sedimentgesteine sowohl über dem Kristallin als auch darunter.
Dieser kristalline Untergrund ist ähnlich aufgebaut wie zum Beispiel der Schwarzwald oder das Aarmassiv (Aaregranit, Seite 48). Es handelt sich um einen alten Komplex metamorpher Gesteine mit Gneisen, Amphiboliten und Marmoren. Durch diesen Sockel ist während der hercynischen Gebirgsbildung vor etwa 350 Millionen Jahren granitisches Magma aufgestiegen. Dieser zähflüssige Mineralbrei konnte dabei nicht wie eine leichtflüssige basaltische Lava ausfließen, sondern blieb zum Teil im obersten Bereich der Kruste stecken. Das Gestein ist also nur teilweise ein richtiger Vulkanit; wir bezeichnen es deshalb als subvulkanisch, und sein Name ist Granit-Porphyr. Deutlich ist im Gestein Quarz, Feldspat und Glim-

Steinbruch Andeer in Rofna-Porphyr

Rofna-Porphyr mit Quarz, Feldspat, Glimmer und Chlorit

Rock Watch aus Andeerer Granit (Rofna-Porphyr)

mer zu beobachten, manchmal ist das Gestein deutlich ungleichkörnig mit großen Alkalifeldspatkristallen. Allerdings ist es meistens grün gefärbt, was für einen Granit vielleicht eher untypisch ist. Die Grünfärbung hat aber gar nichts mit der Intrusion, mit der Platznahme des Gesteins zu tun, sondern ist auf eine Metamorphose in Grünschieferfacies während der alpinen Gebirgsbildung zurückzuführen. Dabei ist der Glimmer mehrheitlich in Chlorit umgewandelt worden, auch ist das Gestein verschiefert worden, so daß heute nicht mehr ein massiger Granit-Porphyr, sondern ein Chlorit-Gneis vorliegt.
In Zusammenhang mit dem Rofna-Porphyr stehen auch die Kupfer-Silber-Vererzungen, die bis ins letzte Jahrhundert ausgebeutet wurden.

Heute wird der Rofna-Porphyr am linken Rheinufer bei Andeer in einem riesigen Steinbruch gebrochen. Unter dem Namen ‹Andeerer Granit› wird er als Baustein, aber auch für die Rock Watch verwendet.

Das Luganeser Vulkangebiet – Andesit, Rhyolith, Granophyr

Vulkane in Lugano? Lugano ist ja für verschiedene Attraktionen bekannt und wird deshalb auch von vielen Leuten besucht, aber die wenigsten kommen wegen der Luganeser Vulkane. Wo sind die denn eigentlich, wer hat sie schon rauchen gesehen?

In der Gegend von Lugano finden wir nicht heutige Vulkane, sondern im südlichen Bereich des Luganer Sees die Gesteine von Vulkanen einer vergangenen Zeit, nämlich aus der Perm-Zeit. So können wir aufgrund dieser Zeugen der Perm-Zeit die Vulkanlandschaft, wie sie sich vor ungefähr 270 Millionen Jahren rund um den heutigen Luganer See darbot, rekonstruieren.

Ähnlich wie die heutige Zeit kann auch die Perm-Zeit als eine Periode am Ende einer Gebirgsbildung bezeichnet werden. Während der letzten, der alpinen Gebirgsbildung wurden z.B. die Alpen, aber auch der Himalaya oder die Rocky Mountains gebildet; während der vorletzten, der variskischen (oder hercynischen) Gebirgsbildung vor 350 bis 250 Millionen Jahren wurden z.B. im Bereich von Mitteldeutschland, Schwarzwald – Vogesen, Massif Central, aber auch der Alpen Gebirge gebildet, die heute weitgehend wieder abgetragen sind. Nur noch die Gesteine in diesen Rumpfgebirgen (siehe auch Aaregranit, Seite 48) geben uns Anhaltspunkte über die Gebirgsketten, wie sie einmal bestanden. So gehörte auch das heutige Südtessin damals zu einem variskischen Gebirge.

Viel weiter südlich, vielleicht 200 bis

In den Andesit-Komplex (dunkel) intrudieren Rhyolith-Gänge (rötlich), Rovio (TI)

Andesit mit hellen Plagioklas-Einsprenglingen, Rovio (TI)

300 Kilometer, befand sich zu dieser Zeit eine Subduktionszone, wo ozeanische Kruste von Süden her unter den Kontinent geschoben und verschluckt wurde. Ähnlich wie heute in den Anden Südamerikas (Abb. Seite 16) kam es in der Verschluckungszone zu Aufschmelzungen, und Magma drang in die darüberliegende kontinentale Kruste ein, wo zum Teil weiteres Gestein aufgeschmolzen werden konnte. Dabei kam es zur Vermischung von Magmen verschiedener Herkunft, nämlich von Magmen mit eher basischem bis intermediärem Chemismus aus der Verschluckungszone einerseits und eher sauren aus der kontinentalen Kruste andererseits. Je nach Grad der Vermischung wurden denn auch die unterschiedlichsten Laven gefördert, und es bildeten sich ganz verschiedene vulkanische Gesteine, die sich in ihrer chemischen Zusammensetzung, aber auch in ihrem Aussehen stark unterschieden. Aufgrund verschiedener Spurenelemente wie zum Beispiel Titan, Zirkonium, Ytrium oder Niob in diesen Vulkaniten können diese eindeutig einem Subduktionszonen-Magmatismus zugeordnet werden. Die magmatischen Gesteine anderer plattentektonischer Umgebungen, so zum Beispiel ein mittelozeanischer Rücken oder ein Vulkangebiet im Platteninnern, ergäben für diese kritischen Spurenelemente ganz andere Verhältniszahlen, die dann für diese wiederum charakteristisch wären.

An vulkanischen Komplexen kann die ganze Abfolge von den basischen Basalten über die intermediären Andesite bis zu den sauren Rhyolithen gefunden werden, manchmal ist sogar eine Entwicklungsreihe festzustellen.

Rhyolith mit weißlichen Alkalifeldspat-Einsprenglingen, Rovio (TI)

Als Hauptvertreter dieser Vulkanite im Bereich von Morcote, Rovio und Brusino-Arsizio soll hier der *Andesit* vorgestellt werden; er ist gleichzeitig das typische Gestein für Subduktionszonen-Vulkanismus. Es handelt sich meist um dunkelgraue, oft grünliche oder zu violett neigende Gesteine. Die Mineralien, Plagioklas und Erzmineralien, sind meist extrem feinkörnig, so daß sie von bloßem Auge nur schwer zu erkennen sind, insbesondere da sie oft mehr oder weniger stark zersetzt sind. Vielfach sind in diese feinkörnige Grundmasse millimeter- bis zentimetergroße Plagioklase, Pyroxene und Hornblenden eingestreut, das Gefüge ist dann also ungleichkörnig oder porphyrisch. Vor allem die hellen Plagioklas-Einsprenglinge sind sehr gut zu erkennen.

Besonders in den Rhyolithen zeigen sich Strukturen, wie sie für Ignimbrite oder Schweißtuffe (Ignimbrite) typisch sind. Diese werden als Ablagerungsprodukte von vulkanischen Glutwolken gedeutet, wobei beim Aufprall die Komponenten plattgedrückt und miteinander verschweißt werden. Allerdings stehen diese Gesteine vorwiegend im italienischen Teil des Vulkangebietes an.

Die Vulkankomplexe, die heute noch erkannt werden können, werden von einer Unzahl späterer Gänge durchschlagen. Durch sich öffnende Spalten wurde Material aus tiefer gelegenen Magmaherden durch den obersten Bereich der Kruste und die auflagernden Vulkankomplexe in darüberliegende Vulkane gefördert, die allerdings schon längst wieder wegerodiert worden sind, nämlich vor der Ablagerung der roten Trias-Sandsteine und -Konglomerate. Diese Gänge zeigen meist eine äußerst scharfe Begrenzung zum Umgebungsgestein, das in unserem Gebiet vorwiegend andesitisch ist. Auch sind beide Seiten der ungefähr metermächtigen Gänge auszumachen. Viele dieser späteren Gänge bestehen aus *Rhyolith*, der sich wegen seiner rötlichen Farbe gut vom Grau-Grün des Umgebungsgesteins abhebt. In dieser rötlichen Grundmasse sind deutlich die glasklaren Quarzeinsprenglinge und die weißlichen oder ebenfalls rötlichen Kalifeldspatleisten auszumachen; dieses Gestein hat also ebenfalls ein porphyrisches Gefüge.

Am weitesten verbreitet ist allerdings im Luganeser Vulkangebiet ein Gestein, das auf den ersten Blick gar nicht hierher zu gehören scheint, zeigt es doch einen granitischen Mineralbestand und ein granitisches Gefüge, d.h. es ist ganz auskristallisiert und weist keine glasige oder extrem feinkörnige Grundmasse auf. Der Fachmann bezeichnet dieses Gestein, das wegen seiner Frische häufig als Baustein, insbesondere Pflasterstein, verwendet wurde, als *Granophyr*. Wie aber kann ein granitisches Gestein, typisch für langsame Abkühlung, in einem Vulkankomplex auftreten? Wahrscheinlich müssen wir annehmen, daß der gesamte Vulkankomplex einmal viel mächtiger war und die heute noch anstehenden Reste nur den untersten Teil darstellen. In diesen Komplex wäre dann saures Magma eingedrungen und als kleiner granitischer Körper langsam abgekühlt. Die Teile des Magmas, welche die Oberfläche erreicht hätten, wären aber dank ihrer raschen Abkühlung als Rhyolithe ausgebildet worden.

Granophyr mit Quarz (grau) und Kalifeldspat (rötlich), Figino (TI)

Basalt mit Kissenlava-Strukturen

Tritt Lava aus einem Vulkan an die Luft aus, bilden sich ganz andere Strukturen, als wenn dies unter Wasser geschieht. Strick- oder Fladenlava (hawaiianisch ‹Pahoehoe›) bei gut fließender Lava oder Blocklava (hawaiianisch ‹Aa›) bei zähflüssiger Lava sind typische Strukturen, wie sie heute in Vulkanen an Land beobachtet werden können. Ganz anders geht der Vorgang des Ausfließens hingegen bei Unterwasservulkanen vor sich. Durch die schnelle Abkühlung in den Randbereichen bilden sich birnen- oder kissenförmige Gebilde, die außen schon erstarrt sind, während innen noch Lava fließen kann. Entweder wird das erste Kissen abgekoppelt und kugelt den Abhang hinunter, wo es in den Sedimenten liegen bleibt, oder an einer Stelle kann die Lava durchbrechen und ein weiteres Kissen (engl. ‹Pillow›) anhängen. So kann sich eines dieser rundlichen Gebilde ans andere reihen, und die Lava fließt innen von einem zum andern wie durch einen Tunnel, der sich immer wieder erweitert und verengt. Pillowlaven können in jeder Wassertiefe entstehen, sie sind also keine Anzeiger für Tiefseeverhältnisse.

Die Kissenlaven finden sich in den Schweizer Alpen in den gleichen Zo-

Kissenlava, Alp Flix (GR)

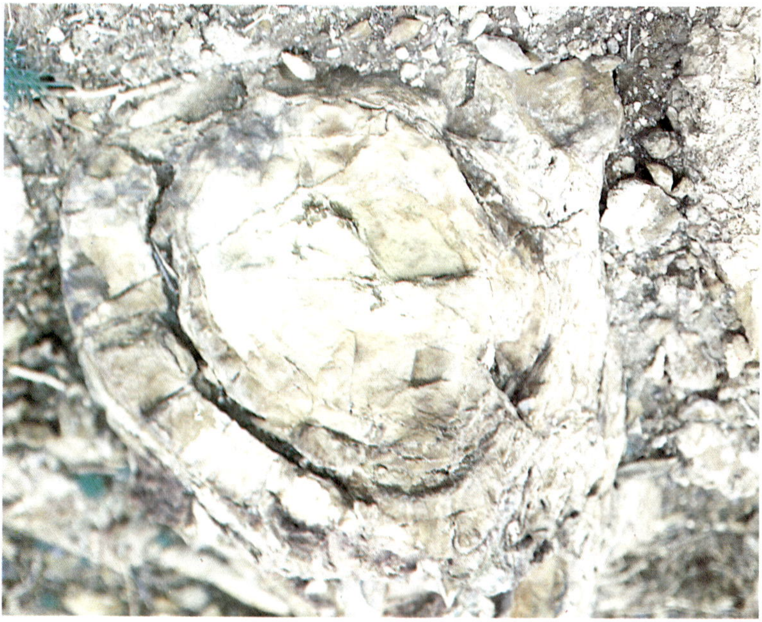

Basalt mit Kissenlava-Strukturen, Alp Flix (GR)

nen wie die Gabbros (Seite 52). Sie werden als oberer Bereich der ozeanischen Kruste der Tethys betrachtet. Die Kruste zeigt sich jedoch nicht mehr in ihrem ursprünglichen Aufbau, d.h. von unten nach oben Ultramafitite, Gabbros, Basalte. Die einzelnen Teile sind voneinander getrennt worden und liegen heute in einer ganz anderen, durch die Gebirgsbildung verursachten Abfolge vor. So finden sich die Kissenlaven oft in Kontakt mit den Ultramafititen. Diese Komplexe ursprünglicher Ozeankruste, die heute in ein Gebirge eingeschlossen sind, werden *Ophiolithe* genannt.

Je nach Metamorphosegrad ist die ursprüngliche Mineralogie umgeformt worden, die Kissenlaven von Zermatt – Saas Fee zeigen oft noch Relikte der Hochdruckmetamorphose der Kreidezeit, diejenigen aus dem Oberhalbstein (Alp Flix) sind meist in der Grünschieferfacies umkristallisiert. Auch der Grad der Verformung ist ganz verschieden: Häufig ist noch die ursprüngliche Form erkennbar, vielfach ist aber die ursprünglich kugelige Form stark deformiert worden, und aus den Kugeln haben sich flach ausgewalzte Ellipsoide gebildet. Auch bei diesen extrem verformten Gebilden ist aber oft noch die Innenstruktur des Pillows mit blasigem Außenrand und dichterem Kern zu erkennen (Seite 108).

Moränen

Während der Eiszeiten waren große Teile der Schweiz von mächtigen Gletschern bedeckt. In den Alpen füllten die Gletscher die Täler aus; in den tieferen Gebieten konnten sich die Gletscher ausbreiten und bildeten weite, fladenartige Eismassen. Aus dem Gebirge wurde durch die verschiedenen Eisströme viel Gesteinsschutt aus den Alpen ins Mittelland und in die Südschweiz gebracht. Große Gebiete der Schweiz, die sich heute weit entfernt von jedem Gletscher befinden, sind deshalb durch die Gletscher während den Eiszeiten geprägt worden – wer denkt schon bei der Hügellandschaft von Wiedlisbach – Wangen an der Aare an einen Gletscher. Auch in den heutigen Gletschergebieten in den Alpen können wir die Bildung einer Landschaft durch fließendes Eis studieren, allerdings in kleinerem Rahmen.
Nicht nur Sand und feines Silt- und Tonmaterial, wie es von den Flüssen herangetragen werden kann, sondern auch grobes Gesteins- und Blockmaterial konnte auf dem Rükken der Gletscher oder auch eingefroren im Eis transportiert werden. War das Material einmal an seinem Platz, wurde es praktisch nicht mehr bewegt. So kam es während des Transportes nicht zu einer Sortierung, wie wir es beim Wassertransport beobachten können, wo je nach Geschwindigkeit des Wassers nur eine bestimmte Fracht mitgetra-

Angeschnittene Moräne, Menzingen (ZG)

gen werden kann. Am Gletscherende, aber auch auf den Seiten wird dann das herabgebrachte Material so abgelagert, wie es transportiert wurde, nämlich ohne Sortierung. So finden wir in typischen Gletscherablagerungen, den Moränen (End- oder Seitenmoränen), ein wildes Durcheinander von Lockermaterial jeder Korngröße, von Ton über Sand und Kies bis zu Blöcken.
Auch unter dem Gletscher kann Schutt abgelagert werden, wir bezeichnen diese Ablagerungen als Grundmoräne. Allerdings wird unter dem Gletscher das gröbere Material durch die Eisbewegung verrieben, und es bildet sich feiner Lehm. Im Vergleich zu den Obermoränen ist also bei den Grundmoränen der Anteil an Feinmaterial größer, und das ganze ist viel besser verkittet als in einer lockeren Endmoräne.

Schlecht sortiertes Moränen-Material, Menzingen (ZG)

Heute werden neben den Schottern (siehe nächste Seite) auch gewisse Moränen als Baustoff verwendet, allerdings ist die Aufbereitung dabei wesentlich komplizierter, muß doch die Sortierung in Korngrößeklassen, die bei den Schottern das Wasser schon im wesentlichen durchgeführt hat, beim Abbau von Moränen noch durch den Menschen selbst mühsam vorgenommen werden. Andrerseits kommt aber auch hier der Konflikt zwischen Landschaftszerstörung und Zivilisationsbedürfnissen immer mehr zum Tragen (Schutz der Moränenlandschaft von Menzingen).

Schotter

Auch die mächtigen Schotterablagerungen des Schweizerischen Mittellandes stehen mit den eiszeitlichen Gletschern in Zusammenhang. Im Gegensatz zu den Moränen handelt es sich aber nicht um rein glaziale Ablagerungen. Schotter entstanden außerhalb des eigentlichen Gletschergebietes. Das Material, das von den Gletschern aus den Bergen in die Ebene transportiert und zum Teil als Moräne abgelagert worden war, wurde vom Gletscherende aus durch Wasser weitertransportiert. Wasser war ja zur Genüge vorhanden, nicht nur das Schmelzwasser des Gletschers, sondern auch das Wasser, das unter dem oder im Gletscher aus den Bergen herunterfloß und am Gletscherende durch das Gletschertor ins Freie trat. Diese große Wassermenge vermochte das vom Gletscher gebrachte Material weiterzutransportieren, allerdings nicht die großen Blöcke und Steine, sondern nur Kies-, Sand- und feineres Material. Je nach Korngröße wurden diese Fraktionen verschieden weit getragen. Kies lagerte sich im unmittelbaren Gletschervorfeld (Sander genannt) ab. Die Steine wurden durch den Transport gerundet, so daß wir Schotterablagerungen bestens von Moränen unterscheiden können: Moränen enthalten schlecht sortiertes Material, wobei die gröberen Steine oft nur mangelhaft gerundet sind, Schotter hingegen sind gut sortiert (Kies und wenig Sand), und die einzelnen

Angeschnittene Schotterflur, Attiswil (BE)

Gut sortiertes Schotter-Material, Attiswil (BE)

Steine sind alle gerundet. Sand wurde noch weiter transportiert und auf weiten Schwemmlandebenen oder in einem See im ruhigen Wasser abgelagert. Die feine Schwebefracht konnte, wenn sie nicht auch in einem See abgelagert wurde, oft noch über weite Strecken vom Gletscher weg transportiert werden.

Heute sind diese mächtigen Schotterkörper im schweizerischen Mittelland ein begehrtes Objekt. Einerseits stellen sie die wichtigsten Kies- und Sandlagerstätten dar, ist doch hier das Material schon vorsortiert und gewaschen worden. Andrerseits jedoch bilden die Talfüllungen aus Schottern wegen des großen Porenvolumens (Porosität) und der guten Durchflußmöglichkeit (Permeabilität) sowie auch wegen der ausgezeichneten Reinigungswirkung die besten Grundwasservorkommen, die für eine hinreichende Trinkwasserversorgung unentbehrlich sind. So greifen zwei Grundbedürfnisse unserer Zivilisation auf den gleichen Grund zurück, und oft ist es schwierig zu entscheiden, welche Bedürfnisse Vorrang haben sollen. Allerdings können als Baustoff auch Ersatzstoffe gefunden werden, gute Trinkwasservorkommen können jedoch nicht einfach in andere Gesteinsformationen verpflanzt werden.

Konglomerat

Wenn Geröll- oder Schottermassen, d.h. gerundete Steine, durch einen Zement zusammengekittet werden, heißt dieses Gestein *Konglomerat* oder im Schweizer Volksmund auch *Nagelfluh*. Konglomerate können also an verschiedenen Orten und aus den verschiedensten Lockergesteinsformationen entstehen, z.B. aus eiszeitlichen Schottern, aus Strandgeröllanhäufungen oder aus Geröllablagerungen in einem Schuttkegel oder Delta. Die mächtigsten Konglomeratkomplexe in der Schweiz sind im Tertiär entstanden, während der Zeit also, in der sich im Gebiet der Alpen das schon strukturierte Gebirge aus den Tiefen, in welchen es entstanden war, zu einem auch von außen sichtbaren Gebirgszug emporhob. Ein starkes Gefälle gab die nötige Wasserkraft, so daß auch grobes Material durch die engen Täler an den Alpenrand transportiert werden konnte. Hier erlahmte die Transportkraft des Wassers, und das Material lagerte sich in mächtigen Schuttfächern ab. Die ersten Schuttfächer bildeten sich während der Zeit der Unteren Süßwassermolasse (USM) im Oligozän/Miozän im Gebiet des Mont Pélerin, der Rigi und des Speers. Später, während der Oberen Süßwassermolasse (OSM) im mittleren Miozän, verlagerten sich die Schüttungszentren, und die Schuttfächer des Napf und des Hörnli wurden geschüttet. Viele der höheren Berge

Konglomerat-Bänke der Unteren Süßwassermolasse im Rigischuttfächer, Vitznau (LU)

Konglomerat der USM mit Kristallin- und Sedimentgeröllen, Arth Goldau (SZ)

am Alpenrand sind also nichts anderes als mächtige Schuttanhäufungen, die während der Zeit der stärksten Hebungen in den Alpen gebildet wurden.
Aus dem Geröllinhalt der Konglomerate läßt sich erkennen, welche geologischen Formationen im Hinterland, d.h. in den Alpen zur Zeit der Molassebildung abgetragen wurden. So finden wir in der USM vor allem Sedimente und Eruptivgesteine, die im Hinterland heute nicht mehr zu finden sind, da sie ja zu dieser Zeit abgetragen wurden. Es handelt sich dabei um geologische Einheiten, die der afrikanischen Platte (sogenanntes ‹Ostalpin›) und der Tethys mit den Ophiolithen (sogenanntes ‹Süd-Penninikum›) zuzurechnen sind. Während der Hebung sind also diejenigen Einheiten, die durch die Plattenkollision zuoberst zu liegen kamen, zuerst abgetragen worden. Erst später konnte dann die Erosion auch auf tieferliegende Formationen durchdringen, die dem eigentlichen europäischen Kontinent zugewiesen werden.
Die Entwicklungsgeschichte der Alpen läßt sich also nicht nur an den Alpen selbst ablesen, sondern auch am Vorland, wo die Sedimente, die während der Alpenbildung dorthin gebracht wurden, diese Entwicklungsgeschichte widerspiegeln.

Breccie: Macchia vecchia

Die Blöcke, die im Steinbruch von Arzo (Cave d'Arzo) im Mendrisiotto mit Seilen aus dem Berg gesägt werden, liefern sicher die schönsten Dekorationssteine, die wir in der Schweiz gewinnen können. Der Stein ist unter verschiedenen Namen bekannt – Macchia vecchia, Marmo d'Arzo oder Broccatello – und wurde denn auch in vielen Kirchen im Tessin und in Italien als Altarstein oder für andere Zwecke gebraucht.

Petrographisch gesehen handelt es sich um eine bunte Karbonat-Breccie. Auffallend sind die verschiedensten rötlichen, grünlichen und gelblichen Farbtöne, die wir neben dem Grau des Dolomites und dem Weiß von Calcit-Adern im Gestein vorfinden.

Genauso vielfältig wie ihr Aussehen ist auch die Entstehungsgeschichte dieser Gesteine. In der oberen Trias wurden im ganzen Gebiet des heutigen Mendrisiotto die grauen Dolomite (‹Hauptdolomit›) im extrem untiefen Wasser gebildet. Darüber lagerten sich helle bis gelbliche Dolomite, Kalke und Mergel (‹Rhät›), danach im unteren Lias bunte, vielfach rosa oder hellrote Kalke, oft reich an Fossilnestern (‹Broccatello› und ‹Besazio-Kalk›) sowie leuchtendrote Mergelkalke mit Fossiltrümmern (‹Domérien›) ab. Während der Ablagerung dieser Gesteine bildete sich aber östlich des Arzo-Gebietes, im Gebiet des heutigen Monte Gene-

Im Macchia Vecchia-Steinbruch von Arzo (TI) werden die Blöcke mit Seilen ausgesägt

Macchia Vecchia, Arzo (TI)

roso, langsam ein mehrere tausend Meter tiefes Meeresbecken aus, indem dort der Meeresgrund immer weiter absank, ohne daß das Becken mit Sedimenten aufgefüllt wurde (siehe Radiolarit, Seite 100). Die Gegend von Arzo hingegen blieb als Hochgebiet im Meer erhalten. Die Absenkungsbewegungen geschahen an Nord-Süd-verlaufenden Brüchen (z.B. Luganer Störung); aber auch innerhalb der Plattform zerbrachen die schon gebildeten Karbonatgesteine immer wieder entlang von Brüchen, Spalten taten sich auf, und die neuen Sedimente lagerten sich nicht über die älteren ab, sondern infiltrierten entlang der Spalten in die schon bestehenden. So brachen diese Gesteine in den Bruchzonen immer wieder auf, und jedesmal wurde eine neue, jüngere Gesteinsart eingelagert. So kann heute aufgrund der Überlagerung von Bruchsystemen die zeitliche Abfolge der Infiltrationen abgeleitet werden. Die Gesteine können mit denjenigen verglichen werden, die in ruhigeren Gebieten normal übereinander abgelagert worden sind, wodurch sich auch ihr Alter ermitteln läßt. So zeugen heute viele Altäre und Kamine in der Südschweiz von der unruhigen Geschichte dieser Gesteine während der unteren Lias-Zeit.

Flysch-Sandstein

Flysch ist eigentlich ein Ausdruck aus dem Simmental und bezeichnet die weichen Gesteine, die dort zu Rutschungen führten. Heute ist dieser Ausdruck in die ganze Welt exportiert worden, und die Fachwelt versteht unter dem Ausdruck Flysch eine ganz bestimmte Vergesellschaftung klastischer Gesteine, die während der Bildung eines Gebirges im Restmeer abgelagert wurde. Flysch bezeichnet also nicht eine bestimmte Gesteinsart, denn wir finden in einem Flyschaufschluß das ganze Spektrum der klastischen Sedimente von groben Konglomeraten und Breccien über Sandsteine bis zu Silten und Tonen, und zwar in einer immer wiederkehrenden Abfolge, die wir als Bouma-Zyklus bezeichnen. Wir finden von unten nach oben:

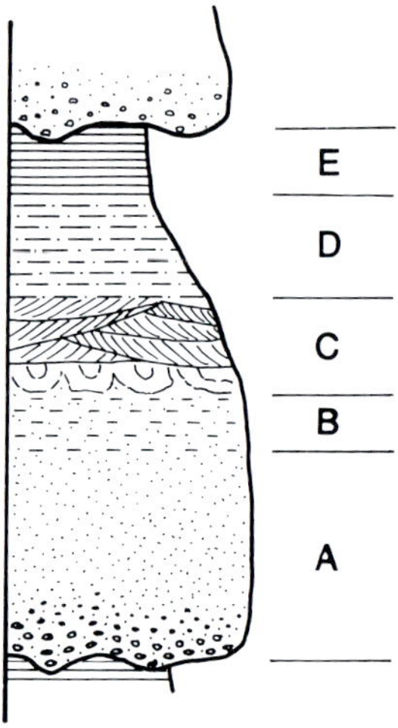

Schema einer Turbiditabfolge (Bouma-Zyklus)

Abfolgen von grob zu fein (Bouma-Zyklen) im Flysch-Sandstein von Zollhaus (Plaffeien, FR)

- A: ev. Konglomerate oder Breccien, darüber Grob- und Feinsand, ohne daß eine Schichtung zu beobachten ist
- B: laminierte Feinsande
- C: Feinsand / Silt-Fraktion mit Wulst- und Rippelstrukturen von Strömungen
- D: gut laminierte Feinsande und Silte
- E: tonige Sedimente

Die Bildung eines solchen Zyklus, auch als Turbidit bezeichnet, läßt sich erklären durch die Ablagerung eines Trübestromes, der gewaltige Lockergesteinsmassen vom Schelf über den Kontinentalabhang hinunterbringt. Am Fuß, wo die Transportkraft des Wassers nicht mehr ausreicht, wird das Material wieder abgelagert, zuerst das gröbste, darauf bei immer geringerer Strömungsgeschwindigkeit die feineren Fraktionen. Zwischen zwei Trübeströmen lagert sich das normale tonige Sediment der Tiefsee ab. Bei der Ankunft des nächsten Trübestromes kann der oberste Teil erodiert werden, oder aber die herunterfahrenden groben Gerölle bilden Schleif- und Strömungsmarken im feinen Material. Diese werden dann ausgefüllt und sind an der Basis eines Turbuditzyklus oft als Negativformen zu beobachten.

Bodenmarken zeigen die Strömungsrichtung im Flysch, Zollhaus (FR)

Molasse-Sandstein: Berner Sandstein

Der Berner Sandstein ist ein Molasse-Sandstein aus dem unteren Bereich der Oberen Meeresmolasse (OMM). Er wurde während des unteren Miozäns (Burdigalien, siehe stratigraphische Tabelle) in einem seichten Meer im Norden der sich bildenden Alpen abgelagert. So ist der Berner Sandstein ein Teil der Sandsteinkomplexe, wie sie für den unteren Teil der OMM charakteristisch sind.

Die mineralogische Zusammensetzung ist ziemlich einfach: 35–45% Quarz, ca. 30% Feldspat (Kalifeldspat und Albit), Karbonat 20–30% (Calcit und 6–8% Dolomit), dazu Glimmer, Glaukonit und Tonmineralien. Diese Mineralien haben aber einen ganz verschiedenen Ursprung: Quarz, Feldspat und Glimmer sind als Abtragungsprodukte von kristallinen Gesteinen eingeschwemmt worden; die Tonmineralien sind Verwitterungprodukte von Feldspäten und ebenfalls eingeschwemmt; und der Glaukonit hat sich im Meer neu gebildet. Da Glaukonit nur im marinen Milieu gebildet werden kann, ist er neben den seltenen marinen Fossilresten ein guter Hinweis für die Bildung des Berner Sandsteins in einem marinen und nicht in einem Süßwasser-Milieu. Die Sandsteine zeigen häufig Strukturen, die uns Aufschluß geben über die Bedingungen, die bei der Ablagerung geherrscht haben. So sind die schrägen Schichten (‹Schrägschichtung›), die innerhalb einer einzelnen Schicht

Steinbruch für Berner Sandstein, Ostermundigen

Berner Sandstein, Berner Münster

Berner Münster

beobachtet werden können, ein Hinweis auf Strömungen, welche die Mineralkörner herantransportiert und zu großen Rippeln angehäuft haben. Auch kleinere Rippeln, wie wir sie häufig auch heute an Sandstränden finden, sind Zeugen der Wellentätigkeit während der Ablagerung (vgl. Abb. S. 37).

Neben den eigentlichen Sandsteinen sind aber auch Konglomerate und sogenannte Muschelsandsteine mit diesen vergesellschaftet. Aus der Beziehung der einzelnen Gesteinskomplexe zueinander und dem Vergleich mit heutigen Verhältnissen, z.B. im Mississippi-Delta, kann geschlossen werden, daß der Berner Sandstein in einem Meeresdelta abgelagert worden ist.

Wegen seiner Härte und guten Bearbeitbarkeit ist der Berner Sandstein seit dem Mittelalter als Baustein gebraucht worden. Hervorragendes Beispiel ist das Berner Münster, aber auch viele andere Bauten in Bern sind aus diesem Stein gebaut worden. Noch heute sind verschiedene Steinbrüche in der Umgebung von Bern im Betrieb (z.B. Ostermundigen), um die für die Renovierung der alten Bauten benötigten Steine zu liefern (vgl. auch Abb. S. 215).

Ton

Die feinsten klastischen Sedimente (die Pelite) lassen sich in zwei Fraktionen unterteilen: Die Siltsteine weisen eine Korngröße zwischen 0.06 (Sichtbarkeitsgrenze) und 0.002 Millimetern auf, Tonsteine sind feiner als 0.002 Millimeter. Auch mineralogisch unterscheiden sich diese Gesteine: Die Silte führen eher feinsten Quarz (dieser knirscht zwischen den Zähnen!), die Tone sind viel weicher und bestehen vor allem aus Tonmineralien. Tonmineralien kommen nur in Sedimentgesteinen vor, sie entstehen bei der Verwitterung und wandeln sich bei der Metamorphose wieder in Glimmer oder Chlorit um. So finden wir Tongesteine vor allem im Jura und im Schweizerischen Mittelland. Im Jura sind es schwarze Tone, die im untersten Dogger abgelagert worden sind, die ‹Opalinustone›. Die weicheren Formationen sind allerdings im Jura meist von Wiesen bedeckt, so daß auch die Opalinuston-Formation nur in Gruben, wo dieses Material abgebaut worden ist, untersucht werden kann (z.B. Staffelegg). Auch die Tone im Schweizerischen Mittelland sind meist nicht aufgeschlossen. Wenn wir aber eine der vielen Ziegeleien besuchen, finden wir dort meistens Tone, Mergel und Siltsteine mit Sandsteineinschaltungen der Unteren Süßwassermolasse (USM). Es handelt sich um Material, das von Flüssen aus den Alpen im unteren Miozän in ein untiefes Meer nördlich der Alpen geschüttet worden ist. Die gröberen Bestandteile der Fracht

Tongrube der Ziegelei Rapperswil (BE)

Ton- und Mergellagen, Rapperswil (BE)

Ziegel, der gebrannte Ton, Rapperswil (BE)

wurden schon unmittelbar am Alpenrand abgelagert; nur die feinste Fraktion konnte in Suspension bis in den äußeren Bereich des Mittellandes hinausgetragen werden.
Bei Überlast durch weitere Gesteinsschichten werden die Tonsteine schieferig, wir bezeichnen sie als Schiefertone. Diese Gesteine können noch Wasser aufnehmen, im Gegensatz zu den metamorphen Tonschiefern, die kein Wasser mehr aufnehmen können.
Tongesteine sind wasserundurchlässig; befindet sich eine wassergefüllte Sandsteinschicht darüber, so funktioniert die Tonschicht als Wasserstauer. Auch bei künstlichen Abdichtungen kann natürlicher Ton eingesetzt werden. Ton dient aber auch als Rohstoff für die keramische Industrie, insbesondere zur Herstellung von Backsteinen und Ziegeln. Hier werden möglichst reine Tone gesucht. In der Zementindustrie dagegen muß der Ton mit Kalk vermischt werden, wenn nicht schon die natürliche Mischung, die Mergel selbst, für die Zementherstellung gefunden wird.

Dichter Kalkstein

Ob Calcit aus dem Wasser ausgeschieden wird oder in Lösung geht, hängt vor allem von dem im Wasser gelösten Kohlendioxid (CO_2) ab. Ganz allgemein können wir sagen, daß viel gelöstes CO_2 auch viel gelöster Calcit bedeutet. Umgekehrt wird bei wenig gelöstem CO_2 Calcit ausgeschieden. Nun hängt aber die Löslichkeit von CO_2 sowohl von der Temperatur als auch vom Druck ab.
Steigende Temperatur bedeutet eine Abnahme der Löslichkeit von CO_2 und damit auch derjenigen von Calcit – es wird folglich Calcit aus dem Wasser ausgeschieden. Wenn also ein kalter Fluß in einen warmen See mündet, wird Calcit ausgeschieden. Auf diese Weise kommt es beispielsweise im Sommer in den Schweizer Seen zur Bildung von Seekreide in den Mündungsgebieten von Flüssen.
Eine Erhöhung des Druckes bedeutet ebenfalls eine Erhöhung der Löslichkeit von CO_2 und damit von Calcit. Kalkpartikel, z.B. von Schalenresten, die von der Meeresoberfläche auf den tiefen Grund sinken (unterhalb den Karbonatkompensationshorizont), geraten unter immer höheren Druck. So werden sie immer stärker und zuletzt total aufgelöst.
Eine Erniedrigung des Kohlendioxidgehaltes im Wasser geschieht aber auch durch die Pflanzen, die ja CO_2 aufnehmen. In oberflächlichem, warmem Wasser mit Meerespflanzen wird also die Löslichkeit von Calcit

Kalke des oberen Malm, Reuchenette (BE)

Kalkbänke, dazwischen Mergel-Lagen, oberer Malm, Péry (BE)

stark reduziert. Mit andern Worten, die Möglichkeit, daß von Organismen Calcit aufgenommen und in ein Skelett oder in eine Schale eingebaut wird, ist durch diese Bedingungen stark erleichtert.

Die rein chemische Ausfällung von Calcit aus dem Wasser ist eigentlich nur in wenigen Fällen der einzige Prozeß, der sich abspielt, so z.B. bei der Bildung der Seekreide oder bei Quellaustritten. Im Meerwasser sind meist auch Kleinlebewesen daran beteiligt (Bakterien, Algen), welche diese Kalkbildung beeinflussen. Dabei kann es zur Bildung von Kalksteinen kommen, die aus extrem feinen, von bloßem Auge nicht sichtbaren Calcitkriställchen bestehen. Wir bezeichnen solche Kalke ohne Fossilinhalt als dicht oder mikritisch. Sowohl im Jura als auch in den Kalkalpen finden sich geologische Formationen, die zum großen Teil aus solchen mikritischen Kalken bestehen, die keine Spur von Lebewesen zeigen.

Oolithischer Kalk

Diese Art von Kalksteinen ist den Menschen schon früh aufgefallen; im Volksmund werden sie auch ‹Rogensteine› genannt. Ein Schichtverband im Jura, der in der mittleren Doggerzeit abgelagert wurde und vor allem aus solchen Rogensteinen besteht, wurde von Geologen als ‹Hauptrogenstein› bezeichnet. Es handelt sich aber bei den vielen Millimeter großen Kügelchen, die das Gestein aufbauen, keinesfalls um fossile Rogen, d.h. Fischeier. Die Kügelchen sind ganz anders entstanden.
Schneiden wir ein solches Kügelchen (auch Ooid genannt) entzwei und betrachten seine innere Struktur unter dem Mikroskop, so beobachten wir den folgenden Aufbau: Im Zentrum befindet sich ein Kern, der – manchmal läßt sich das sogar noch erkennen – durch ein Schalenbruchstück oder ein Quarzkörnchen gebildet wird. Um den Kern herum ist im Querschnitt kreisförmig (d.h. im Ooid schalenförmig) Calcit angelagert. Die einzelnen schalenförmigen Schichtchen haben eine Dicke von nur Bruchteilen von Millimetern. Es wird angenommen, daß sich das Calcit um einen Kristallisationskern herum Schicht für Schicht angelagert hat. Dieser Vorgang geschah wahrscheinlich mit Hilfe von Organismen (z.B. Algen). Das kann nur dort möglich sein, wo das Kügelchen nicht auf dem Meeresgrund liegt, sondern frei schweben kann, so daß sich der Calcit ringsherum anlagern kann. Um

Hauptrogenstein mit Schrägschichtung, Hauenstein (BL)

Oolithischer Kalk (Hauptrogenstein)

aber Kügelchen von Millimetergröße in Schwebe zu halten, brauchen wir Energie. Im Meer sind es die Wellen, welche die nötige Energie liefern. Wellen sind aber höchstens etwa 30 Meter hoch und ebenso tief. Ooide können also nur bis in einer Wassertiefe von etwa 30 Metern gebildet werden, da nur hier die notwendigen Voraussetzungen gegeben sind. Oolithische Kalke (oder kurz ‹Oolithe›) sind also typische Anzeiger für eine bestimmte Facies von untiefem, stark bewegtem Wasser.

Sind die Ooide einmal gebildet, die lose Ansammlung der Kügelchen am Meeresboden aber noch nicht zu einem Gestein zusammengekittet, können diese Ooide, genau wie andere Partikel in Millimeter-Größe (Schalenbruchstücke, Quarzsand), von Wellen oder Strömungen weitertransportiert und woanders wieder abgelagert werden. So finden wir in Oolith-Körpern oft die gleichen Ablagerungsstrukturen (z.B. Schrägschichtung) wie in Sandsteinbänken, da der Ablagerungsmechanismus auch der gleiche ist.

Korallenkalk von St. Ursanne

Korallenriff und Palmenstrand im Schweizer Jura? Zur unteren Jura-Zeit herrschten über dem ganzen Gebiet des heutigen Jura-Gebirges marine Verhältnisse. Im Nordwesten war dies eine flache Plattform, die in der Gegend des heutigen Moutier von einem Riff begrenzt wurde. Gegen Südosten wurde das Meer offener, und die Sedimente, die hier zur Ablagerung kamen, unterscheiden sich wesentlich von denjenigen auf der nördlichen Plattform (vgl. Effinger-Mergel, Seite 90). Die Tatsache, daß es sich hier um Gesteine gleichen Alters handelt, die sich aber wegen des unterschiedlichen Milieus während der Ablagerung wesentlich unterscheiden, wurde von A. Gressly schon in der Mitte des letzten Jahrhunderts erkannt. Er prägte dafür den Begriff der Facies («Gesicht» = Aussehen des Gesteins aufgrund der Ablagerungsbedingungen).

Auf der untiefen Plattform im Nordwesten kam es zur Ausbildung der sogenannten ‹Rauracien›-Facies. Es handelt sich um Plattform-Kalke (‹Liesberg-Schichten›) mit einer reichen Fauna (Korallen, Muscheln, Crinoiden und Ammoniten), entstanden in einem sehr seichten Meer. In diesem Meer setzten sich auch Korallen fest, z.B. bei St. Ursanne. Es handelte sich hier, im Gegensatz zum Randriff bei Moutier, nicht um ein durchgehendes Riff, sondern um einzelne isolierte Korallenstöcke. Zwischen den

Zementwerk St. Ursanne in den kreidigen Kalken und den dazwischen gelagerten Korallenriffen

Korallenbauten ging die Kalksedimentation weiter. Heute finden wir die massigen Kalke gebildet durch die fossilisierten Korallen; manchmal lassen sich die Korallenstrukturen noch erkennen, selten findet man diese sogar noch in ihrer ursprünglichen Stellung (Lebensstellung). Der größte Teil der Korallenbauten ist jedoch so stark rekristallisiert, daß keine Fossilien mehr erkannt werden können. Die Kalke (‹kreidige Kalke von St. Ursanne›), die zwischen den isolierten Stöcken abgelagert worden sind, stellen eine Besonderheit dar. Während der Diagenese kam es nämlich nicht zu einer Verfestigung des Materials, es kam also nicht zur Bildung harter Kalksteine, sondern es entstanden sehr weiche, gut abbaubare Kalke, die sich ähnlich anfühlen wie Schreibkreide. Darüber hinaus handelt es sich um sehr reine Kalke (über 99 % Calcit) ohne Tonverunreinigungen. Diese Kalke waren deshalb ein gesuchter Rohstoff für die Herstellung von gebranntem Kalk (CaO). Heute jedoch, wo diese Kalke zur Zementherstellung verwendet werden, muß ihnen noch toniges Material zugesetzt werden (vgl. Effinger-Mergel, Seite 90).

Korallen, St. Ursanne (JU)

Helvetischer Kieselkalk

Unter ‹Helvetikum› verstehen die Geologen die Kalkalpen, die sich vom Wallis über das Berner Oberland, die Zentralschweiz bis zu Calanda und Säntis in der Ostschweiz erstrecken. Es handelt sich dabei um Decken, die Sedimente von der Perm- bis zur Tertiär-Zeit umfassen und von ihrem Untergrund, der weiter im Süden lag, abgeschert und an ihren heutigen Ort überschoben worden sind.
Im Gegensatz zum Jura-Gebirge, wo die Sedimente der Kreide-Zeit nur geringmächtig sind, kam es im Gebiet des Helvetikums zur Ablagerung mächtiger Mergel- und Kalkformationen. Eine dieser Formationen ist der Kieselkalk.
Wie schon der Name sagt, ist in diesem Kiesel (SiO_2) eingelagert. Zum Teil handelt es sich um eingeschwemmte Quarzkörnchen, zum andern ist aber feinster Quarz im Gestein selbst neu kristallisiert. Aufgrund der vielen feinen Schwammnadeln, die ebenfalls im Gestein gefunden werden, nimmt man an, daß diese ursprünglich von Kieselschwämmen stammenden Nadeln in Calcit umgewandelt wurden und sich das freigewordene SiO_2 als feiner Quarz absetzte. So ist der Kalk ziemlich homogen und nicht nur in einigen Lagen verkieselt. Neben Schwamm-Nadeln, Foraminiferen und Bryozoen finden wir, vor allem im obersten Teil, viele auch von Auge erkennbaren Reste von Seelilien und

Steinbruch Balmholz am Thunersee im Kieselkalk

Seeigeln (Echinodermen). Das Gestein ist gut gebankt (im Dezimeter-Bereich), denn zwischen den Kieselkalkschichten finden sich immer einige Millimeter Mergel. Als Meerestiefe während der Ablagerung des helvetischen Kieselkalkes werden ungefähr 200 Meter angenommen.
Durch den Zusatz an Kiesel und insbesondere auch wegen dessen homogener Verteilung hat der Kieselkalk eine größere Druckfestigkeit als gewöhnlicher Kalk, auch ist er viel resistenter gegen Abrieb. Er war deshalb schon im vergangenen Jahrhundert ein gesuchter Baustoff. So wurde am Ufer des Thunersees bei Balmholz ein Steinbruch eingerichtet, von dem das abgebaute Material bequem mit Schiffen abtransportiert werden konnte. Als eine Erweiterung bergwärts wegen der Kantonsstraße nicht mehr möglich war, wurde im

Helvetischer Kieselkalk mit feinen Mergelzwischenlagen

Norden ein neuer Steinbruch eröffnet und das Material durch Roll-Löcher und Stollen zur Verladebrücke gebracht. Noch heute wird das Material aus dem über 100 Meter tiefen Riesenloch durch einen Tunnel zur Aufbereitungsanlage am See transportiert. Gebrochenes Material wie der Kieselkalk kann in vielen Bereichen als Ersatz für den Schotter eingesetzt werden; allerdings ist die Aufbereitung wesentlich aufwendiger, muß doch das Material aus dem Berg gesprengt und gebrochen werden, ehe es sortiert und gewaschen werden kann. Auch dies kann aber als Beitrag zu einem umfassenden Umweltschutz gewertet werden.

Lombardischer Kieselkalk

Warum soll hier zweimal von Kieselkalk die Rede sein? Wir haben hier ein ausgezeichnetes Beispiel für Gesteine, für die petrographisch der gleiche Name, eben Kieselkalk, gebraucht wird, die jedoch vom Aussehen und vor allem auch von ihrer Entstehung her völlig verschieden sind.

Der lombardische Kieselkalk, der vor allem am Monte Generoso in seiner gesamten Mächtigkeit von 4000 Metern aufgeschlossen ist, hat liasisches Alter. Es handelt sich um gut gebankte, feinkörnige Kalke mit eingelagerten Kiesel-Bändern und -Knollen; das Material ist durch untermeerische Rutschungen und Schuttströme geschüttet worden, also von einem höher gelegenen Niveau geliefert worden. Tatsächlich ist der lombardische Kieselkalk gleich alt wie die Macchia-Vecchia-Breccie (Seite 72), die ja in einem extrem untiefen Milieu entstanden ist. Von dieser Plattform rutschten dauernd unverfestigte Sedimentmassen ins östlich gelegene Becken und bildeten dort diese Kalkschichten. Mergeleinschaltungen verkieselten nachher und bilden nicht eine feine Verteilung wie beim helvetischen Kieselkalk, sondern einzelne Knollen und Bänder. Während der Ablagerung selbst kamen die schlecht verfestigten Kalkschichten manchmal wieder ins Rutschen und verbogen sich. Manche der Falten, die wir heute im lombardischen Kieselkalk finden, sind nicht

Monte Generoso (TI), aufgebaut aus lombardischem Kieselkalk

Lombardischer Kieselkalk, Salorino (TI)

auf die Verformung während der alpinen Gebirgsbildung zurückzuführen, sondern kurz nach der Ablagerung entstanden. Dies zeigt sich besonders klar dort, wo über dem verfalteten Paket wieder eine normale, nicht verformte, ursprünglich horizontale Schichtlage zu beobachten ist.

Wir finden also auch hier in der Südschweiz ein ausgezeichnetes Beispiel von Facies-Unterschieden zwischen gleichaltrigen Formationen: auf der Westseite der Luganer Störung die Plattform-Sedimente mit der Breccienbildung der Macchia Vecchia und auf der Ostseite die Tiefsee-Sedimente des lombardischen Kieselkalkes, entstanden durch Rutschungen am Abhang von der Schwelle ins Becken.

Das Becken, in welches das Material geschüttet wurde, wurde während diesen Schüttungen nicht aufgefüllt, sondern senkte sich immer weiter ein, so daß die über dem lombardischen Kieselkalk liegenden Schichten Anzeichen beginnender Kalklösung zeigen, d.h. der Meeresgrund erreichte die Tiefe des Karbonatkompensationshorizontes. Dieser wurde sogar noch unterschritten, finden sich doch weiter oben sogar Radiolarite (vgl. Seite 100).

Effinger Mergel

Während der Calcitbildung im Meer können nebenbei auch noch Tonmineralien, die schwebend im Wasser weit hinausgetragen werden können, langsam absinken und zusammen mit dem feinkörnigen Calcit abgelagert werden. Solche Mischgesteine aus Calcit (oder Dolomit) und Ton bezeichnen wir als Mergel. Dabei können ganz verschiedene Calcit/Ton-Verhältnisse gebildet werden. Es gibt deshalb eine durchgehende Mischreihe von Kalken über mergelige Kalke, kalkige Mergel, Mergel, tonige Mergel, mergelige Tone bis zu reinen Tonen. Sowohl im Jura als auch in den Kalkalpen, aber auch in den Südalpen finden wir neben den eher kalkigen Formationen immer wieder auch mergelige Einschaltungen. Da Mergel immer Calcit enthalten, brausen diese Gesteine mit 10prozentiger Salzsäure auf, wegen des Tongehaltes sind sie aber viel weicher als reine Kalke.

Zu den markantesten Mergelformationen gehören die bis 200 Meter mächtigen sogenannten Effinger Mergel im Jura. Sie stammen aus der unteren Jura-Zeit, sind also gleich alt wie die Korallenriffe von St. Ursanne (Seite 84). Zu dieser Zeit war ja in dieser Gegend eine untiefe Plattform vorhanden, abgeschirmt von einem durchgehenden Riff in der Gegend von Moutier. Zur selben Zeit befand sich aber die Gegend im Südosten des Riffs bis in den Aargauer Jura im

Abbau der Effinger Mergel für Zementherstellung, Reuchenette (BE)

Effinger Mergel, Reuchenette (BE)

offenen Meer mit einer Tiefe um die 100 Meter. Man bezeichnet diese Facies, im Gegensatz zur Rauracien-Facies von St. Ursanne, als Argovien-Facies (= Aargau). Dieser Facies-Typ ist charakterisiert durch mächtige Mergelablagerungen. Wir befinden uns also immer noch im Einflußbereich eines Festlandes, das im Norden lag und von dem die Tonmineralien eingeschwemmt wurden. Hier im offenen Meer war die Boden-Fauna viel geringer, allerdings schwammen verschiedene Tierarten, allen voran Ammoniten, herum, die wir heute als Fossilien eingebettet in den Mergeln finden können.

Im Gelände sind die weichen Effinger Mergel meist nicht anstehend, sondern von Wiesen bedeckt. Sie liegen zwischen den härteren Kalkformationen des oberen Doggers und des oberen Jura, so daß sich oft hangparallele Täler bilden, die als Comben bezeichnet werden. Die Kalkbänke innerhalb der Mergelformation unterliegen Lösungserscheinungen, so daß diese dann in den Wiesen als Dolinenreihen markiert sind. Auch die Zementindustrie vom Aargauer Jura bis in die Schüssklus hat die Vorteile dieser Mergel entdeckt, weisen sie doch oft eine fast ideale Zusammensetzung für die Zementherstellung auf, so daß keine Zusätze von anderswo geholt werden müssen.

Dolomit

Die berühmten Kletterberge der Dolomiten im Südtirol haben dem Mineral und dem Gestein Dolomit den Namen gegeben. Man braucht hier die gleiche Bezeichnung für die Mineralart und für das Gestein, welches vorwiegend aus diesem Mineral aufgebaut ist. Die größten Dolomitvorkommen in der Schweiz finden sich in den sogenannten Unterengadiner Dolomiten, aber auch in den übrigen Regionen der Alpen und des Juras finden sich Dolomitgesteine und zwar meistens in Formationen aus der Trias-Zeit. Bekannt sind der ‹Trigonodusdolomit› und der ‹Gansinger Dolomit› aus der Trias des Jura-Gebirges, der ‹Rötidolomit› aus den Kalkalpen und der ‹Hauptdolomit› aus den Ost- und Südalpen. In weiten Gebieten der heutigen Schweiz herrschten damals Verhältnisse, unter denen Dolomite gebildet werden konnten.

Wie entstehen aber Dolomite?

Wird im Labor Meerwasser verdunstet, fällt zuerst Calcit und nachher das Mineral Dolomit ($CaMg\,[CO_3]_2$) aus. Dieser Vorgang einer direkten Dolomitbildung aus Meerwasser ist aber in der Natur nur äußerst selten zu beobachten. Vielmehr sind die meisten Dolomitvorkommen durch Umwandlung von Calcit zu Dolomit entstanden. Bei dieser Umkristallisation müssen einerseits Kalziumionen abgeführt, andrerseits Magnesiumionen zugeführt werden, so daß im Karbonatgitter die Hälfte der ursprünglichen Kalziumplätze durch

Engadiner Dolomiten mit Hauptdolomit

Trockenrisse im Hauptdolomit zeugen von zeitweiliger Austrocknung

Magnesium besetzt werden kann. Diese Umwandlung bewirkt eine Volumenabnahme von 13 %, oft weisen Dolomitgesteine deshalb eine erhöhte Porosität oder eine brecciöse Struktur auf.

Das Vorkommen von Dolomiten mit Evaporiten (Gips, Anhydrit, Steinsalz, Seiten 94 und 95) weist auf die Entstehungsbedingungen hin: warmes, trockenes Klima mit starker Verdunstung, ein Klima, wie wir es heute zum Beispiel am Persischen Golf finden. Dolomite entstehen dort in extrem untiefen Wasser, meistens sogar in Gebieten, die über dem normalen Flut-Niveau liegen und nur bei Hochwasser (Springflut) überschwemmt werden. So finden sich vielfach in diesen Dolomitgesteinen Anzeichen, die auf diese Umgebung hinweisen, etwa fossilisierte Algenmatten, Trockenrisse, Breccienbildung. Hier geschieht die Dolomitisierung wahrscheinlich während eines frühen Stadiums der Diagenese.

Wir kennen aber auch Beispiele von aus Kalken entstandenen Dolomiten, die nicht unter solchen evaporitischen Bedingungen entstanden sind. So sind oft Riffbauten (z.B. Korallenriffe), wie diejenigen des Monte San Salvatore bei Lugano, erst später dolomitisiert worden.

Wegen ihrer gegenüber Kalkstein oft erhöhten Porosität finden sich in Dolomitformationen ausbeutbare Erdöl-Lagerstätten.

Gips

Neben Calcit und Dolomit können auch weitere Mineralien aus dem Meerwasser ausgefällt werden, enthält dieses ja eine ganze Reihe von Ionen wie Cl^-, SO_4^{--}, HCO_3^-, Na^+, Mg^{++}, Ca^{++}, K^+. Im Mittel sind es etwa 35‰, d.h. aus einem Liter Meerwasser können 35 g Salze ausfallen. Die Bedingungen, unter welchen diese Ausfällung geschieht, sind von Mineral zu Mineral verschieden. Es kommt dabei u.a. stark auf die genaue chemische Zusammensetzung des Meerwassers an. Generell kann aber eine Ausscheidungsabfolge abgeleitet werden, nach welcher zuerst die Karbonate Calcit und Dolomit, hierauf die Sulfate Gips und Anhydrit und am Schluß Chloride, Magnesium-Sulfate und Chlorid-Sulfat-Mischsalze ausgeschieden werden. Wir bezeichnen diese Ausfällungssedimente als Evaporite (Evaporitisation = Verdunstung).

In abgeschlossenen Meeresbecken mit großer Verdunstung kann es zur Erhöhung der Ionenkonzentration im Wasser kommen, so daß ein bestimmtes Mineral nicht mehr in Lösung bleiben kann und kristallisiert. Zuerst sind dies Gips und Anhydrit. So sind dies denn auch die häufigsten Gesteine, die wir neben den Karbonaten in Sedimentabfolgen finden.

In der Schweiz finden wir Gips und Anhydrit vor allem in Sedimenten aus der Trias-Zeit. Zu dieser Zeit war das ganze Gebiet der heutigen Schweiz

Gips mit Anhydrit-Einschlüssen der mittleren Trias, Felsenau (AG)

Gefälteter Gips aus der oberen Trias, Küttigen (AG)

Teil eines untiefen Meeres mit vielen Inseln zwischen dem alten Europa und dem alten Afrika. Hier wurden Kalke und Dolomite abgelagert, zum Teil kam es auch zu Einschwemmungen von Sanden, Silten und Tonen. Dazwischen, aber vor allem während der Zeit der mittleren Trias, kam es in abgeschlossenen Meeresbecken zu Bedingungen, unter denen Gips, Anhydrit und zum Teil sogar Steinsalz (Seite 96) ausgeschieden werden konnten.

Diese Gipslagerstätten bilden einen wertvollen Rohstoff, vor allem für die Bauindustrie. Wird dieser nämlich erhitzt, wird ihm ein Molekül Wasser entzogen. Wenn dann später das gemahlene Gipspulver wieder mit Wasser versetzt wird, kann sich wieder gewöhnlicher Gips entwickeln, er bindet ab. Nicht nur in der Bauindustrie, sondern auch beim Bau von Gebirgen haben Sedimentgesteine wie Gips, Anhydrit und Steinsalz große Bedeutung. Sie sind nämlich viel leichter verformbar als andere Gesteine wie Kalke, Sandsteine, Granite oder Gneise. Während der alpinen Gebirgsbildung kam es deshalb vielfach dazu, daß die Sedimentbedekkung auf dem Niveau der Evaporit-Serien von ihrem Untergrund abgeschert und unabhängig vom Untergrund verformt wurde. Dies gilt insbesondere für den Faltenjura, wo die Falten nur bis auf den Abscherungshorizont der Evaporit-Serie und nicht bis ins Grundgebirge hinuntergreifen.

Steinsalz

Durch das Steinsalz – der Name wird für das Mineral und für das Gestein gebraucht – kommt wahrscheinlich jeder Mensch am unmittelbarsten täglich mit der Geologie in Berührung. Wie Gips und Anhydrit (Seite 94) gehört auch das Steinsalz zu den Evaporiten, die durch Eindampfen von Meerwasser entstanden sind. Dieser Prozeß wird ja auch benützt, um an den Küsten in Salzgärten Kochsalz zu gewinnen. Das Steinsalz fällt allerdings erst nach Gips und Anhydrit aus, das heißt, die Sole muß wesentlich konzentrierter sein als für die beiden andern Mineralien. Dies erklärt auch, warum Salz seltener gefunden wird als Gips und Anhydrit.

In bezug auf die Salzversorgung war die Schweiz bis ins letzte Jahrhundert vom Ausland abhängig. Erst die Funde von Bex (schon im 17. Jahrhundert) und Schweizerhalle (‹Hall› hat immer mit Salz zu tun) machten unser Land wenigstens hinsichtlich eines Rohstoffes autark. Die Minen von Bex wurden bergmännisch ausgebeutet (siehe Exkursion, Seite 210), und das Salz zuerst außerhalb des Berges, später unter Tage aus dem Fels gewaschen. Heute wird die gute Löslichkeit des Steinsalzes, die praktisch unabhängig ist von der Wassertemperatur, gerade vor Ort, das heißt am Salzlager selbst ausgenützt. Durch eine Bohrung wird Wasser bis zur Salzschicht hingepumpt; hier wird das Salz aufgelöst und die Sole (salzgesättigtes Wasser) entweder durch

Anhydrit-Steinsalz-Breccie, Salzbergwerk Bex (VD)

Stollen im Salzbergwerk Bex (VD)

ein zweites Rohr im gleichen Loch oder ein zweites Loch wieder gefaßt. Durch Aufheizen wird dann das Wasser verdampft, so daß das Salz wieder auskristallisieren kann. Je nach Verwendungszweck wird es noch aufbereitet.

Salz wird heute nicht nur als Kochsalz verwendet; für die Straßenräumung wird der gleiche Rohstoff gebraucht, von wachsender Bedeutung ist Salz aber auch als Grundstoff für die chemische Industrie.

Rauhwacke

Sowohl in den Kalkalpen als auch in den kristallinen Gebirgen finden sich zwischen den harten Kalk- bzw. Gneis-Formationen oft Zonen mit weichen, löcherigen oder brecciösen Karbonat-Gesteinen, die oft stark zerrüttet sind, so daß manchmal sogar ein Gesteinsmehl vorliegt. Diese Gesteine werden als ‹Rauhwacken› (franz. ‹cornieules›) bezeichnet. Ihre Entstehung ist nicht immer eindeutig zu erklären, oft sind sie das Produkt einer Vielzahl verschiedenster Prozesse während Ablagerung, Diagenese, Verformung und Verwitterung. Bei allen Rauhwacken handelt es sich um Karbonatgesteine, sie enthalten Calcit und/oder Dolomit. Dabei handelt es sich entweder um echte Sedimente, die auf Grund von Ablagerungsstrukturen als solche erkannt werden können, oder das Karbonat findet sich als Sekundärbildung in Spalten und Rissen als Auskristallisation aus einer zirkulierenden Lösung. Daneben sind oft Anhydrit/Gips damit vergesellschaftet, und in der Karbonat- oder Sulfatgrundmasse treten auch fremde Gesteine (Sedimente und/oder kristalline Gesteine) auf. Die ursprünglichen Sedimente sind meistens während der Trias-Zeit abgelagert worden. Aus dieser Zeit sind Ablagerungen von Evaporiten wie Gips, Anhydrit, aber auch Salzen in Europa weit verbreitet. Auch das Steinsalz, das heute in Schweizerhalle und Bex ausgebeutet wird, stammt aus dieser Zeit. Da diese

Rauhwackenlandschaft am Lukmanierpaß (GR)

Rauhwacke, Lukmanierpaß (GR)

evaporitischen Gesteine viel leichter verformbar sind als reine Kalke oder Dolomite, aber auch als Sandsteine, Granite oder Gneise, haben die Horizonte, die aus diesen Materialen bestehen, der Alpenbildung oft als Gleithorizonte für Überschiebungsmassen gedient. Deshalb finden sich heute an der Deckenbasis vielfach evaporitische Serien der Trias. An der Oberfläche sind diese triadischen Gesteine nun häufig in Rauhwacken umgewandelt, wobei verschiedene Faktoren diese Umwandlung begünstigen:

- Die Sulfat-Lagen (Gips/Anhydrit) werden aus den Sulfat/Karbonat-Mischgesteinen bevorzugt herausgelöst, aber auch die Dolomit-Elemente unterliegen oft einer Auflösung.
- Wie bei Karst-Erscheinungen in Kalkgebieten können auch bei diesen Lösungsvorgängen Hohlräume gebildet werden. Diese können später zusammenfallen, dabei wird das Umgebungsgestein zerbrochen, und es bilden sich Breccien.
- Durch Ausfällung aus den zirkulierenden Wassern werden an Stelle der Sulfat-Lagen und der Dolomit-Elemente Calcit-Ausfällungen eingelagert. Sie dienen in den oft nur noch lose gebundenen Trümmern als Bindemittel. Die Gesteine werden so von Sulfat- zu Karbonat-Gesteinen umgewandelt, auch findet ein Wechsel von Magnesium-Kalzium- zu reinen Kalzium-Mineralien statt.

  Bei diesen Umwandlungen können auch Nebengesteinsbruchstücke eingelagert werden.

Im Untertagebau sind diese triadischen Gesteine wegen ihrer schlechten Materialeigenschaften sehr gefürchtet, und sie werden, wo immer möglich, gemieden.

Radiolarit

Der Radiolarit gehört zu den wenigen Vertretern von sedimentären Kieselgesteinen. Wohl findet sich oft fein verteilter Kiesel oder Quarz in Kalkgesteinen (siehe Kieselkalk, Seiten 86 und 88), da aber meist die Calcitproduktion um Größenordnungen bedeutender ist, sind auch die Karbonatgesteine viel weiter verbreitet. Nur wenn die Calcitbildung unterdrückt wird, z.B. in gewissen Seen mit Diatomeen (Kieselalgen), oder wenn der gebildete Calcit wieder aufgelöst wird, d.h. unterhalb des Calcit-Kompensationshorizontes, können mehr oder weniger reine Kieselgesteine gebildet werden. Die Radiolarien mit ihren Kieselskeletten gehören zu den Einzellern und leben mit einer Unzahl anderer Tier- und Pflanzenarten schwebend in den obersten Schichten der Ozeane. Wir bezeichnen diese Schwebewelt als Plankton. Nach dem Absterben der Lebewesen wird das organische Material zersetzt, und die Hartteile (Calcit- und Kiesel-Schalen und -Skelette) sinken langsam ab. Befindet sich der Meeresgrund oberhalb der Calcit-Kompensationstiefe, werden Kalke gebildet. Mit zunehmender Meerestiefe werden aber immer mehr Karbonat-Schalen und -Skelette aufgelöst, bis ab einer bestimmten Tiefe, die stark variieren kann, alles Karbonat aufgelöst ist und nur noch die Kiesel-Skelette zurückbleiben. Diese bilden ein für diese Tiefen charakteristisches Ablagerungsgestein. Oft ist ein bedeutender Eisenoxid-Anteil vorhanden, der dann für die Rotfärbung der Gesteine verantwortlich ist.
Am besten läßt sich der Übergang

Radiolarit-Formation, Breccia-Schlucht (TI)

Radiolarit-Bänke, Breccia-Schlucht (TI)

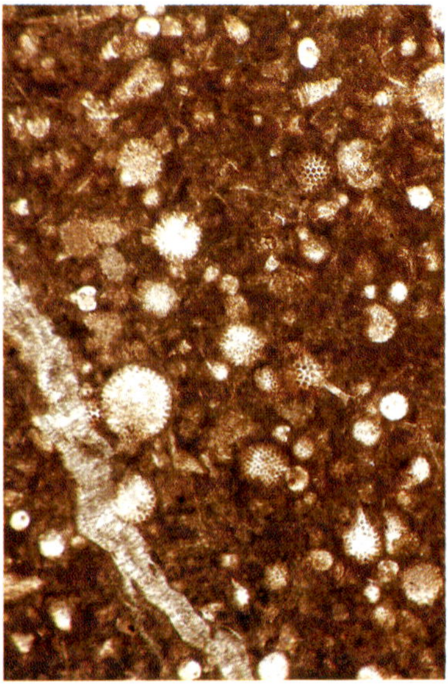

Radiolarien (Dünnschliff)

von der Karbonat- zur reinen Kieselsedimentation an den Radiolariten des Mendrisiotto, insbesondere in der Breggia-Schlucht am Ausgang der Valle di Muggio, studieren. Der lombardische Kieselkalk (Seite 88) wird von rötlichen Kalken (darunter dem ‹Ammonitico rosso›) überlagert, die gegen oben immer mehr Calcit-Lösungserscheinungen und einen zunehmenden Kieselgehalt aufweisen. Unterhalb des großen Wasserfalles, der umgangen werden muß, finden sich dann die eigentlichen Radiolarite, zuerst nur als Linsen und Knollen, darüber aber auch als durchgehende Schichten. Vom Kieselkalk (Lias) zum Radiolarit (Malm) zeigt uns diese Sedimentabfolge eine zunehmende Meerestiefe an. Der Untergrund hat sich also dauernd eingesenkt, ohne daß die Auffüllung mit Ablagerungsmaterial mit der Absenkung Schritt halten konnte.

Über dem Radiolarit finden sich mit einem scharfen Kontakt wieder helle Kalke (‹Biancone›, Unter-Kreide) und Mergelkalke (‹Scaglia›, Mittel- und Ober-Kreide), die wegen ihres dominierenden Karbonatgehaltes also wieder über dem Calcit-Kompensationsniveau, aber immer noch unter tiefmarinen Verhältnissen gebildet worden sind.

In den Alpen finden sich Radiolarite als Tiefseeanzeiger noch an verschiedenen Orten. Vielfach sind es die ersten Ablagerungen auf der neu gebildeten ozeanischen Kruste. So finden wir heute diese Radiolarite und mit ihnen zusammen auch Tiefseekalke vielfach im Verband mit den Ophiolitkomplexen, den Zeugen ehemaliger ozeanischer Kruste.

Torf und Kohle

Bei einer Fahrt durch die Längstäler des Neuenburger Juras fallen in den Hochmooren die eigenartigen Türme auf, welche die Bauern zum Trocknen der gestochenen Torfschollen aufbauen. Dieses Material (eigentlich ist es noch kein Stein), das zu Heizzwecken abgebaut wird, hat im Hochmoor den Beginn des sogenannten Inkohlungsprozesses durchgemacht. Bei der Inkohlung wird die pflanzliche Substanz unter Luftabschluß durch Bakterien, die ohne Sauerstoff leben können (= anaerobe Bakterien), abgebaut. Es bilden sich dabei einerseits flüchtige Bestandteile wie Kohlendioxidgas, Methangas und Wasser, andrerseits nimmt der Anteil an reinem Kohlenstoff zu. Wie stark die Inkohlung fortschreitet, ist von Druck und Temperatur, d.h. der Überlast, abhängig, denen das Material unterliegt. Bei stärkerer Erwärmung bleibt nur noch reiner Kohlenstoff zurück, der als Graphit kristallisieren kann. So sind in der Schweiz die jüngsten Kohle-Bildungen auch diejenigen mit dem geringsten Kohlenstoffgehalt und damit auch mit dem geringsten Brennwert (vergleiche auch Kohle, mit Exkursion, Seite 202). Die eiszeitlichen (pleistozänen) Torfe wurden unter nur geringer Überdeckung in Schieferkohle umgewandelt. Die Molassekohlen, die aus dem Tertiär stammen, erreichen schon einen Reifegrad, den wir als *Braunkohle* bezeichnen. Die Kohlevorkommen im

Torfstich mit Trocknungstürmen, Valleé des Ponts (NE)

Pflanzen aus der Karbonzeit in Sandstein, Dorénaz (VS)

Berner Oberland, deren Entstehung auf das Mesozoikum zurückgeht, weisen schon eine deutlich bessere Braunkohlequalität auf. Die *Steinkohle* aus dem Wallis (Gegend von Sion) ist von bester Qualität mit hohem Brennwert; wir bezeichnen sie als *Anthrazit*. Diese Walliser Kohlen stammen aus der Karbonzeit, d.h. aus der Kohlezeit, während welcher weltweit die großen Kohlelager gebildet wurden.

Die Kohlebildungen wurden oft nur langsam unter einem immer mächtiger werdenden Sedimentstapel versenkt, ohne daß die Schichten dabei stark verformt wurden. So sind in den Kohleschichten (= Flöze), aber auch in den Zwischenschichten (Sandsteine, Tonschiefer) die Pflanzenreste noch gut erhalten und geben uns Auskunft über die Pflanzenarten und -gesellschaften, die zu jener Zeit verbreitet waren. Während der Karbonzeit handelte es sich nicht um Bäume und Sträucher, die mit denjenigen in unseren heutigen Wäldern verwandt sind, sondern um solche – allerdings in Riesenausführung –, die wir heute noch als Farne und Schachtelhalme (Equiseten) finden.

Gneis

Die Alpen sind ein Gneis-Gebirge. Gesteine mit einem schwach schieferigem Gefüge, bestehend aus Quarz und Feldspat (Kalifeldspat und/oder Plagioklas), zusammen mit dunklen Mineralien wie Glimmer (Biotit und Muskowit) oder Hornblende und anderen Mineralien (z.B. Disthen, Sillimanit, Andalusit, Granat, Staurolith, Diopsid), bauen den größten Teil der Schweizer Alpen auf. Gneise sind die typischen Vertreter der kontinentalen Oberkruste, und in den Alpen sind ja mächtige Deckenpakete von Oberkrustenmaterial übereinander geschoben worden.

Wie die meisten metamorphen Gesteine weisen auch die Gneise ein schieferiges Gefüge auf. Bei der Verformung unter erhöhten Druck und Temperatur bilden sich Quarz/Feldspat-Lagen und geplättete -Linsen, zwischen denen die Blättchen von Glimmern parallel eingeregelt sind. In dieser Schieferung bricht dann auch das Gestein im allgemeinen, oft in dünne Platten, die für Dachbedeckungen Verwendung finden, manchmal auch in dickere Quader, die in der Bauindustrie eingesetzt werden.

Gneise können aus verschiedenen Ursprungsgesteinen entstehen, manchmal sind diese in den wenig verformten Bereichen auch noch erhalten.

Naheliegend vom Mineralbestand her ist die Herkunft von Gneisen aus Graniten und ähnlichen Eruptivgesteinen (Granodiorite, Syenite). Bei einer Gebirgsbildung können die magmatischen Körper, welche in die Oberkruste eingedrungen sind, verformt und vergneist werden und unter Bedingungen der Amphibolit-Facies umkristallisieren, so daß der gleiche Mineralbestand mehr oder weniger erhalten bleibt. Metamorphe

Flachliegende Gneise bei Biasca (TI)

Mittelkörniger «Leventina»-Gneis, Osasca (TI)

Augengneis, Malvaglia (TI)

Eruptivgesteine bezeichnen wir als Orthogneise.
Gneise können aber auch aus Sedimentgesteinen entstehen, wenn diese Sedimente einen entsprechenden Chemismus aufweisen. Viele klastische Sedimente wie Konglomerate, Arkosen, unreine Sandsteine, Silte und Tone haben eine solche chemische Zusammensetzung. Allerdings zeigen sich oft bestimmte Abweichungen. Insbesondere Tongesteine weisen einen höheren Aluminium- oder Magnesiumgehalt auf als die Eruptivgesteine. Entsprechend können bei der Metamorphose unter Amphibolit-Facies-Bedingungen bestimmte Mineralien mit hohem Aluminiumgehalt (Disthen, Sillimanit, Andalusit, Granat) oder Magnesiumgehalt (Staurolith, Diopsid) gebildet werden. Anhand solcher typischer Mineralien können dann diese Gneise eindeutig mit einer sedimentären Herkunft in Verbindung gebracht werden, sie werden als Paragneise bezeichnet.
Vielfach ist es aber mit einfachen Methoden nicht möglich, die Herkunft, d.h. das Ursprungsgestein, eindeutig zu bestimmen.
Bei entsprechend hohen Temperaturen können in Gneisen teilweise Aufschmelzungen stattfinden, so daß bei der Wiedererstarrung der Schmelze ein Mischgestein aus einem metamorphen Gneis und einem neu auskristallisierten granitischen Gestein entsteht. Wir bezeichnen solche Mischgesteine als Migmatite (vgl. S. 43). Man trifft sie häufig im Tessin, im Gebiet der höchsttemperierten Metamorphose während der alpinen Gebirgsbildung (vergleiche Gneise im Verzascatal, Exkursion Seite 140).

Andalusit-Schiefer

Ist die Schieferung in metamorphen Gesteinen stärker als bei den Gneisen, bricht also das Gestein in feine Platten von Millimetern bis einem oder zwei Zentimetern, so bezeichnen wir diese als Schiefer. Meist sind die Metamorphosebedingungen bei der Bildung von Schiefern niedriger (Grünschiefer-Facies) als bei Gneisen. Auf der andern Seite tritt gegenüber den Gneisen der Gehalt an körnigen Mineralien (Quarz, Feldspat) zugunsten von blättrigen (Glimmer) zurück. Neben diesen finden sich aber noch zahlreiche andere Mineralien in Schiefern, oft nur in geringen Mengen von vielleicht 5%, aber von bloßem Auge gut sichtbar, so daß wir diese in der Namensbezeichnung voranstellen (z.B. Granat-Glimmerschiefer).

Eine Besonderheit sind die Andalusit-Glimmerschiefer, die sich am Ostkontakt der Intrusion des Bergeller Granits (Seite 50) in der Gegend des Lagh da Cavloc (Fornotal südlich Maloja) finden. Ursprünglich tonige Sedimente, abgelagert in der Tethys, wurden diese während der alpinen Gebirgsbildung in den Deckenbau einbezogen. So finden wir sie heute ‹eingeklemmt› zwischen der Suretta-Decke im Liegenden (‹unten›) und der Margna-Decke im Hangenden (‹oben›). Vor ungefähr 30 Millionen Jahren aber intrudierte der Bergeller Granit in den schon bestehenden Deckenstapel und durchbrach diese Kontakte. Dabei wurden die während

Andalusit-Kristalle,
Lagh d'a Cavloc (GR)

Andalusit-Schiefer, Lagh da Cavloc (GR)

der Deckenbildung regional nur leicht metamorphisierten Sedimente einer Kontaktmetamorphose unterworfen. Diese ist äußerst intensiv am unmittelbaren Kontakt zum Granit im hinteren Val Forno, wo sich aus den tonigen Sedimenten hochmetamorphe Sillimanitgneise gebildet haben. Weiter weg vom Kontakt hingegen, am Lagh da Cavloc, kristallisierten in den ursprünglichen Tonen Andalusitkristalle. Diese zeigen einen niedrigeren Metamorphosegrad an als der Sillimanit. Die Kristalle, ausgebildet als längliche Leisten und Stengelchen, sind in den sonst feinkörnigen Schiefern deutlich zu erkennen. Meist sind sie durch in den Kristall eingelagerte kohlige Substanz schwarz gefärbt. Augenfällig ist auch, daß die Andalusit-Großkristalle über die blättchenfeine Schieferung hinweggewachsen, also erst nach der Bildung der Schiefer auskristallisiert sind. Das Gestein enthält damit zwei verschiedene Generationen von Mineralien und macht so eine Abfolge, eine Geschichte, sichtbar: Im Zusammenhang mit der Deckenbildung wurden zunächst die ursprünglich tonigen Sedimente verschiefert, bevor im Zusammenhang mit der Kontaktmetamorphose, verursacht durch die Bergeller Intrusion, der Andalusit gewachsen ist.

Grünschiefer

Grünschiefer entstehen als Metamorphoseprodukte aus ursprünglichen basischen Eruptivgesteinen, also entweder aus Basalten (basischer Vulkanit) oder aus Gabbros (basischer Plutonit). Vielfach sind noch Gefügemerkmale der ehemals magmatischen Gesteine erhalten, z.B. Anzeichen von Kissenlavastrukturen oder Anzeichen eines ursprünglich gabbroiden, körnigen Gefüges. Eher selten können Grünschiefer auch aus Mergeln mit ganz bestimmter chemischer Zusammensetzung entstehen. Dabei ist das Ursprungsgestein von bloßem Auge meist nicht auszumachen. Verschiedene Mineralien, die typisch sind für eine niedriggradige Regionalmetamorphose (= Grünschiefer-Facies), sind grün gefärbt, so der Chlorit, der Epidot und der Aktinolith (Hornblende-Art). Sie verursachen die Grünfärbung dieser Schiefer.

Entsprechend ihrem Ursprung können wir Grünschiefer in verschiedenen Gesteinsverbänden finden:

– In einer Ophiolith-Abfolge sind vor allem die obersten, vulkanischen Bereiche (Kissenlaven-Komplex und basische Gänge), wo Gesteine mit einem halbkristallinen Gefüge und glasiger Grundmasse auftreten, besonders empfindlich für eine Umkristallisation, so daß sich Grünschiefer im Verband mit zerscherten und verschieferten Gabbros und ultrabasischen Ge-

Grünschiefer mit zerscherten Lava-Kissen, Marmorera (GR)

steinen (meist Serpentiniten) vorfinden.
Bei einer starken Verformung und Verschieferung eines Ophiolithkomplexes finden sich häufig keine Relikte von ursprünglichen Gabbros mehr. Die Grünschiefer als metamorphe Abkömmlinge sowohl der Basalte als auch der Gabbros finden sich dann zusammen mit Serpentinitlinsen. Hier wird es schon schwierig aufgrund der einfachen Feldbeobachtung auf eine ursprüngliche ozeanische Kruste zu schließen. Dem Geologen helfen aber dabei auch chemische Analysen der Gesteine, die er im Labor durchführt. Dabei finden sich bestimmte Elemente und Elementverhältnisse, die für einen ozeanischen Ursprung charakteristisch sind.

Einzelnes zerschertes Lava-Kissen im Grünschiefer, Marmorera (GR)

- Treten Grünschiefer im Verband mit Sedimenten auf, darf nicht unbedingt auf einen sedimentären Ursprung dieser Grünschiefer geschlossen werden. Vielfach finden sich nämlich auch innerhalb einer Sedimentabfolge mit Mergeln und Kalken Gesteine vulkanischen Ursprungs, die als Lavaergüsse oder vulkanische Tuffe gedeutet werden können.

Amphibolit

Amphibolite haben die gleichen Ursprungsgesteine wie die Grünschiefer, nämlich basische Eruptivgesteine wie Basalte und Gabbros und in wenigen Fällen bestimmte Mergel. Allerdings unterscheiden sie sich von den Grünschiefern durch ihren höheren Metamorphosegrad. Die ‹Amphibolit-Facies› einer Regionalmetamorphose ist nicht nur höher temperiert (ab etwa 450°C), sondern zeigt auch, bedingt durch eine größere Tiefe, größere Überlastungsdrucke (ca. 4–8 kbar).

Amphibolite sind metamorphe Gesteine mit Amphibol (Hornblende) und meist auch Plagioklas, der oft als weiße Flecken im grünen Gestein erkennbar ist. Daneben finden sich die verschiedensten Mineralien in kleineren Mengen: Quarz, Biotit, Ilmenit, Titanit, Epidot, Diopsid, Granat. Das Gefüge ist gneisig (grobschieferig) oder lagig; vom Gefüge her besteht kein Unterschied zu den Gneisen, wir finden deshalb auch alle Übergänge von den hellen Gneisen über dunkle Biotit- und Hornblende-reiche Gneise bis zu den Amphiboliten. Im Feld kann eine eindeutige Namengebung daher manchmal Schwierigkeiten machen.

In den Alpen finden sich Amphibolite praktisch in jedem Gneiskörper in Bädern, Lagen oder Linsen. Die Herkunft dieses Materials (ob eruptiv oder sedimentär) läßt sich da meist nicht mehr ableiten. Anders steht es mit den Amphiboliten in den Ophiolit-

Lagiger Amphibolit, Ivrea-Zone, Porto Ronco (TI)

komplexen, d.h. in denjenigen Teilen der ehemaligen ozeanischen Kruste, die eine Amphibolit-facielle Metamorphose erlitten haben. Hier kann, wie schon bei den Grünschiefern, mit Sicherheit auf eine Herkunft aus Eruptivgesteinen geschlossen werden. Ob allerdings der Amphibolit aus einem Basalt oder einem Gabbro entstanden ist, kann nur bestimmt werden, wenn noch Relikte eines dieser Gesteine gefunden werden.

Wohl das größte zusammenhängende Amphibolitvorkommen findet sich in der sogenannten Ivrea-Zone. Von Ascona über den Gridone ins Ossola-Tal und von dort bis in die Gegend der Stadt Ivrea zieht eine geologisch einzigartige Zone. Ihr Aufbau unterscheidet sich deutlich von demjenigen der Gneisformationen, wie sie typisch für den Großteil der Alpen sind und die der Oberkruste entstammen. Die Ivrea-Zone hingegen wird der Unterkruste zugeschrieben, und die typischen Gesteine in diesem Komplex sind neben den Amphiboliten Granulite (höchstmetamorphe Gesteine, siehe Seite 43) und ultrabasische Körper, die eventuell sogar aus dem Bereich der Krusten/Mantel-Grenze stammen können. Da diese Gesteine schwerer sind als die normalen Oberkrustengesteine, ist auch die Erdanziehung (Gravitation) stärker als sonst in den Alpen. Die Ivrea-Zone bildet eine positive Schwereanomalie.

Amphibol (grünlich) und Plagioklas (weiß) im Amphibolit, Porto Ronco (TI)

Eklogit

Auch Eklogite sind basische Metamorphite, sie haben also als Ursprungsgestein die gleichen Eruptivgesteine wie Grünschiefer und Amphibolite. Der Grad der Metamorphose ist aber noch höher als derjenige der Amphibolit-Facies, wir bezeichnen ihn als ‹Eklogit-Facies›. Die Temperaturen für die Eklogit-Facies bewegen sich um 500–600°C, die Drucke betragen aber über 12 kbar, was einer Tiefe von über 40 Kilometern entspricht. Für eine normale Temperaturzunahme (33°C pro Kilometer) sind diese Temperaturen aber viel zu niedrig. Die eklogitisierten Gesteine haben also eine Versenkungsmetamorphose erlitten, bei welcher relativ kaltes Material in größere Tiefen versenkt und wieder in oberflächennähere Bereiche gebracht wurde, bevor sich die der Tiefe entsprechende Temperatur einstellen konnte. Der Mechanismus einer raschen Versenkung läßt sich mit einer Subduktion (Verschluckung) leicht erklären, für eine ebenso rasche Hebung findet sich aber noch keine hinreichende Erklärung.

Zwei Mineralien sind typisch für Eklogite: Omphacit und Granat. Omphacit ist ein Pyroxen und zwar ein Mischkristall aus Jadeit (NaAl [Si_2O_6]) und Diopsid (CaMg [Si_2O_6]). In diesem Mineral sind die Elemente enthalten, die bei niedrigeren Drucken im Plagioklas vorkommen. Der Granat ist ein Eisen- und Magnesium-rei-

Eklogit mit grünlichem Omphacit und rotem Granat, Trescolmen/ Misox (GR)

Eklogitlinse, randlich nachträglich in Amphibolit umgewandelt, in Glimmerschiefern, Trescolmen/Misox (GR)

cher Aluminiumgranat, er nimmt also die übrigen Elemente auf, die im Amphibolit Platz finden.

Es handelt sich bei den Eklogiten vielfach um Ophiolithmaterial, also um Gesteine einer ehemaligen ozeanischen Kruste, die bei einer Gebirgsbildung nicht in den Mantel subduziert, sondern in den Gebirgsbau miteinbezogen worden sind.

In den Schweizer Alpen sind die Reste des ehemaligen Ozeans, also die Narbe zwischen Alt-Europa und Alt-Afrika, vor allem in zwei Gebieten aufgeschlossen:

- Im Osten, in der Zone von Grüngesteinen, die sich aus dem Malenco (Seitental des Veltlins) über das Engadin ins Oberhalbstein erstreckt und
- im Westen, in der Zone von Zermatt-Saas Fee, die von Zermatt aus in südlicher Richtung über die Valle d'Aosta weiterverfolgt werden kann.

Von diesen zwei Gebieten zeigt nun aber nur das westliche eine Eklogitisierung der basischen Gesteine, der ehemaligen ozeanischen Kruste. Also nur dieser Bereich ist in große Tiefen subduziert worden, und zwar vor ungefährt 100 Millionen Jahren. Zur gleichen Zeit befand sich aber das östliche Gebiet noch auf dem Meeresgrund, was anhand von Fossilien in den Kalken, die auf dieser ozeanischen Kruste abgelagert wurden, belegt werden kann.

Serpentinit

Schon in der ozeanischen Kruste (siehe Seite 10), vor allem aber unter Metamorphosebedingungen von Grünschiefer- oder niedriger Amphibolit-Facies wandeln sich eruptive Olivingesteine (Peridotite) in Serpentinite um, ein Gestein das zum größten Teil aus dem Mineral Serpentin besteht.

Obwohl der Serpentin meist in seiner blätterigen Form als Antigorit kristallisiert, sind es doch normalerweise derbe Massen, die man anstehend findet. Bei großer Beanspruchung wird der Serpentinitkörper stark zerschert, und wir finden eine Unzahl gut polierter Bewegungsflächen mit einer Striemung, die uns die Bewegungsrichtung anzeigt. Oft sind in wenig deformierten Partien noch Reste, insbesondere Gefügerelikte des ursprünglichen Gesteins zu erkennen. Im Bereich der oberen Amphibolit-Facies sind die Serpentinminerale nicht mehr stabil, und die Serpentinite können sich wieder in Olivingesteine umwandeln.

In den Alpen sind die ultrabasischen Gesteine, insbesondere wenn sie mit basischen zusammen vorkommen, vielfach die tiefsten Teile einer ehemaligen ozeanischen Kruste, wobei dann je nach dem Grad der Regionalmetamorphose Serpentinite oder Peridotite vorliegen. Die größten Vorkommen befinden sich denn auch in den gleichen Zonen wie die basischen Metamorphite (Malenco-En-

Serpentinit aus Ophiolith-Komplex, Plaun da Lej (GR)

Massiger und faseriger Serpentin im Serpentinit, Plaun da Lej (GR)

Pfannensatz aus «sasso ollare» (Speckstein), Val Malenco (Italien)

gadin-Oberhalbstein und Zermatt-Saas Fee, vgl. S. 113).
Schieferige Serpentinite werden auch heute noch als Dachbedeckung und Bodenplatten abgebaut.
In Verbindung mit Talk bildet der Serpentin ein früher sehr gesuchtes Gestein: den Speckstein, Ofenstein, Sasso Ollare oder Lavez-Stein. Der Serpentin verleiht ihm eine große Zähigkeit, wegen des Talkgehaltes (Talk hat Härte 1!) ist das Gestein aber sehr gut zu bearbeiten. So wurde dieses Gestein schon seit der Römerzeit an verschiedenen Orten (Tessin, Bündner Oberland, unteres Bergell, Val Malenco) abgebaut und für Ofenplatten, aber auch Pfannen und Becher verwendet. Der Bergsturz von Plurs (heute Piuro) im Jahre 1618 im unteren (italienischen) Bergell soll auf einen unsachgemäßen Abbau des Specksteins zurückzuführen sein; auf alle Fälle hat er die blühende Stadt, die vom Handel mit den Produkten aus Sasso ollare lebte, total verschüttet, und erst in jüngster Zeit sind wieder Teile ausgegraben worden.

Kalkglimmerschiefer aus den Bündnerschiefern

‹Bündnerschiefer› oder ‹schistes lustrés› ist eigentlich kein Gesteinsname, sondern bezeichnet eine Gruppe von kalkig-mergelig-tonig-sandigen Sedimentgesteinen, die während der Jura- und Unterkreidezeit im ehemaligen Meeresbecken zwischen Europa und Afrika abgelagert und anschließend während der alpinen Gebirgsbildung schwach bis mittelstark metamorphisiert worden sind. Selten finden sich in diesen Gesteinen noch Fossilien, die Hinweise auf ihr Ablagerungsalter geben. Diese Bündnerschiefer bilden aber in den Alpen einen starken Gegensatz zu den Gneisen, die viel früher entstanden sind und während des Mesozoikums den kristallinen Untergrund gebildet haben, auf welchem diese Sedimente abgelagert worden sind. So können wir heute in den Alpen durch die Unterscheidung von Gneis- und Bündnerschieferzonen ehemalige Teile der oberen Kruste und ehemalige Ablagerungen unterscheiden. Diese Bereiche sind später während der alpinen Gebirgsbildung als Decken übereinander geschoben worden. Die Bündnerschieferzonen zwischen den Gneisdecken dienen so als Markierung der Grenze zwischen den kristallinen Überschiebungsmassen und werden als ‹Deckentrenner› oder ‹Deckenscheider› bezeichnet (vgl. auch Castione-Marmor, Seite 118).

Die Mischsedimente aus dem mesozoischen Meer liegen heute je nach ursprünglicher Zusammensetzung und der Intensität der alpinen Metamorphose als Kalkschiefer, Tonschiefer, Glimmerschiefer oder Kalkglim-

Bündnerschiefer mit Kleinfalten, Viamala (GR)

Viamala-Schlucht, nach dem Rückzug des Gletschers in die Bündnerschiefer erodiert

merschiefer vor; oft sind Lagen von ursprünglichen Kalken in Form von Marmoren eingeschaltet. Helle Partien in den grauen bis dunklen Schiefern sind auf Quarz- und weit häufiger auf Calcit-Kristallisate zurückzuführen, die während der Metamorphose durch im Gestein zirkulierende Wässer gebildet worden sind. Allerdings war dabei zu wenig Platz vorhanden, so daß sich keine schönen Mineralstufen ausbilden konnten.
Größere zusammenhängende Bündnerschiefergebiete gibt es vor allem zwischen Sion und Brig am Südhang des Rhonetales, im südlichen Goms, im Val Bedretto, Valser-, Safien- und Hinterrheintal, Domleschg, Schanfigg und Prättigau. Einer der schönsten Aufschlüsse in Bündnerschiefern, die hier als Ablagerungen aus der Kreidezeit datiert werden konnten, ist die Schlucht der Via Mala zwischen Thusis und dem Schams; hier hat sich der Hinterrhein in der Nacheiszeit tief in den Fels eingefressen. Auf einer Treppenanlage kann die Schlucht besucht werden. Auch wenn sich hier die Bündnerschiefer als harter Fels zeigen, sind an anderen Orten oft Probleme mit diesen Gesteinen verbunden: Die weicheren tonigen Schiefer sind oft mit Hangrutschungen verbunden, wie sie vor allem aus dem Lugnez und dem Prättigau bekannt sind.

Calcitmarmore von Castione

Die Steinbrüche im Marmor von Castione nördlich Bellinzona sollen als Beispiel für die unzähligen Marmorvorkommen dienen, die man in den Alpen zwischen den mächtigen Gneismassen findet. Oft können wir diese Gesteine als Marmorzüge über weite Distanzen verfolgen, so auch im Falle von Castione, wo die westliche Fortsetzung über das Tessin-Tal hinüber in die Cima di Gagnone hinaufzieht und die östliche durch die Val Traversagna zum Lago di Mezzola und von dort gegen Norden ins Misox hinüberzieht. Im Misox zeigen die Gesteine dieser Zone noch die Herkunft als umgewandelte mesozoische Sedimente (Bündnerschiefer und Marmore), so daß wir auch die Castionemarmore als umgewandelte mesozoische Kalke und Mergel betrachten können. Die reinen Kalke ergaben bei der Metamorphose die weißen Calcitmarmore (‹Castione bianco›). Die Mergel hingegen wandelten sich bei Metamorphosebedingungen der höheren Amphibolit-Fazies in dunkle Kalksilikatfelse um (‹Castione nero›). In diesen Gesteinen sind neben dem Calcit noch eine ganze Reihe von anderen Mineralien zu finden wie Quarz, Anorthit, Diopsid (grünlich), Biotit, Phlogopit, Granat (Grossular, rötlich), Skapolith, Hellglimmer, Kalifeldspat und Erze. Da bei der Metamorphose die reinen Kalke oder Dolomitgesteine unabhängig vom Metamorphosegrad immer Calcit- bzw. Dolomitmarmore bil-

Heller Calcit-Marmor («Castione bianco») mit Falten, Castione (TI)

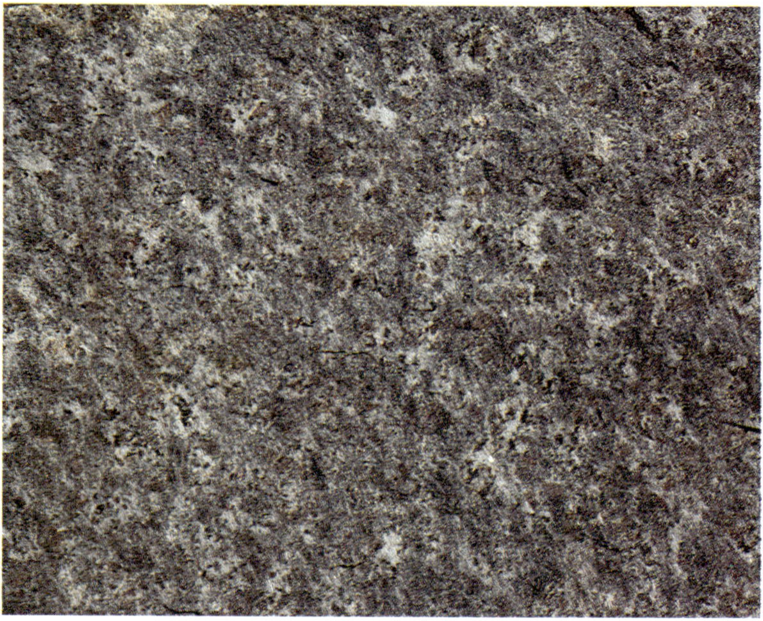

Dunkler Kalksilikat-Marmor («Castione nero»), Castione (TI)

den, kann bei diesen Gesteinen die Intensität der Metamorphose nicht bestimmt werden. In den dunklen Kalksilikatfelsen hingegen sind einige Mineralien, z.B. Diopsid, Anorthit und Kalifeldspat, vorhanden, die typisch für die hohe Intensität der Metamorphose in diesen umgewandelten Karbonatgesteinen, aber auch für das ganze Gebiet der Gegend von Bellinzona sind.

Wie die Bündnerschiefer können also auch Marmorzüge oft als Deckenscheider dienen, dies insbesondere im südlichen Bereich der Zentralalpen, wo wir keine Bündnerschiefer mehr vorfinden und eine Gliederung der Gneismassen in einzelne Decken nur auf Grund dieser Marmorzüge vornehmen können. Die Marmore als Karbonatgesteine sind trotz ihrer Schönheit als eigentliche Bausteine ungeeignet (Calcit hat Härte 3). Die Castione-, aber auch die Marmore aus dem Val Peccia werden deshalb zum Teil als Verkleidungsplatten und vor allem aber für den Innenausbau gebraucht (Wandverkleidungen, Böden). Im Steinhauer- und Steinbruchgewerbe wird der Ausdruck Marmor auch für nicht metamorphe Karbonatgesteine gebraucht, die verarbeitet und poliert werden können. Diesen Unterschied im Gebrauch von Gesteinenamen finden wir auch bei andern Ausdrücken, was leicht zu Verwechslungen führen kann.

Dolomitmarmor vom Campolungo

Wie wir im Kapitel über die sedimentären Dolomitgesteine (Seite 92) gesehen haben, sind die meisten dieser Gesteine während der Trias-Zeit abgelagert worden. Auch in den Alpen finden wir Dolomitgesteine, allerdings metamorphe, die wir aufgrund von Vergleichen mit den sedimentären Gesteinen auch der Trias zuordnen können. Zwar geben uns Fossilien nur selten einen Hinweis auf das Alter, ihre stratigraphische Lagerung spricht aber dafür, daß sie ebenfalls aus der Trias stammen. Über den Gneisen, die während der Ablagerungszeit den Untergrund bildeten, findet sich meist eine Abfolge, die wir überall immer wieder finden können: zuerst eine Lage von Quarziten (Seite 122), entsprechend den Sandsteinen aus der unteren Trias-Zeit in den Sedimentgebieten der Kalkalpen und des Jura-Gebirges, und darüber Dolomitmarmore und Rauhwacken (Seite 98) als metamorphe Entsprechungen der Dolomit- und Evaporitbildungen der mittleren und oberen Trias. Darüber finden sich dann die Bündnerschiefer (Seite 116), die ein Jura- bis Kreide-Alter aufweisen. So können wir, allerdings mit der nötigen Vorsicht, auch den metamorphen Serien in den Alpen, die keine Fossilien führen, ein Alter zuordnen und erkennen, daß dort eine ähnliche Sedimententwicklung für die Trias-Zeit zu beobachten ist.

Campolungo-Paß (TI) mit verfalteten, marmorisierten Trias-Dolomiten; im Hintergrund Bündnerschiefer

Dolomit-Marmor, Campolungo (TI)
Quarzit

Auch Dolomit ist ein Durchläufermineral, d.h. wir finden es in allen Metamorphosegraden von der niedrigsten bis zur stärksten Metamorphose. Wiederum sind es andere Mineralien wie Tremolit (ein Amphibol) und Diopsid (ein Pyroxen), die uns einen Hinweis auf die Metamorphoseintensität geben. Diese Mineralien entstehen aber nur dann, wenn das Ursprungsgestein kein reiner Dolomit war, sondern auch Quarz und Calcit enthielt.

Die Unterscheidung zwischen Calcit und Dolomit erfolgt auf die genau gleiche Weise wie bei den Sedimenten: Calcit reagiert im Gegensatz zum Dolomit mit 10prozentiger kalter Salzsäure. Der Salzsäuretest unterscheidet ja die Mineralien und nicht die Gesteine, und diese sind die gleichen, ob sie in einem Sediment oder in einem metamorphen Gestein auftreten. Gerade das Gebiet des Campolungo ist bei den Mineralienfreunden bekannt für seine Dolomitmarmore mit vielen zusätzlichen Mineralien. Aber auch die Großstruktur des Dolomitpakets, dessen Schichten in riesige Falten gelegt wurde, läßt uns erahnen, welche Kräfte bei der Kollision der beiden Kontinente frei wurden und die gesamte Gesteinsmasse verformte. Aber Achtung: Nur mit den Augen, nicht mit dem Hammer, denn die Mineralien sind geschützt!

Wie die Calcitmarmore werden auch die Dolomitmarmore für Verkleidungen und Bodenplatten abgebaut.

Quarzit

Wie schon die Karbonatmineralien Calcit und Dolomit ist auch der Quarz, der ja in praktisch allen Gesteinen vorkommen kann (Ausnahme: ultrabasische) ein Mineral, das während einer Metamorphose in allen Graden auftreten kann. Ist das Ursprungsgestein ein reines Quarzgestein, so ändert sich seine mineralogische Zusammensetzung während der Metamorphose nicht, und wir bezeichnen diese Metamorphite als Quarzite. Das Ursprungsgestein ist meistens ein Quarzsandstein, selten kann auch ein metamorphes Kieselgestein (Radiolarit) vorkommen. Zum Glück sind reine Quarzsandsteine äußerst selten; meist findet sich etwas Feldspat darin, oder das Gestein ist leicht tonig oder mergelig. So finden sich auch in vielen Quarziten Metamorphosegrad-Anzeiger wie grünlicher Chlorit, schwarzer Biotit oder grüner Diopsid, die das helle, weißliche Gestein leicht färben und uns Auskunft über die Intensität der Metamorphose geben.

Die Quarzitformationen in den Alpen liegen vielfach unmittelbar auf den Gneisen, so daß sie das erste Sediment auf dem Untergrund bilden. Aus den Vergleichen mit Jura und Kalkalpen wird für diese Quarzite ein Alter der unteren Trias angenommen. Aber auch innerhalb der Gneiskomplexe können wir sowohl Quarzite als auch Marmore finden, die sicher kein triadisches Alter haben, sondern viel älter sein müssen und schon die vor-

Chlorit-Quarzit aus der Trias-Zeit, Embd (VS)

Wechsellagerung von Quarzit- und Dolomit-Lagen als metamorphisierte Ablagerungen der Trias-Zeit, Täsch (VS)

alpine, hercynische Gebirgsbildung durchgemacht haben.
Viele Quarzite zeigen eine grobe Schieferung wie die Gneise und können deshalb in Platten gebrochen werden, die als Bodenplatten Verwendung finden.

Mylonit

Eine ganz besondere Gruppe metamorpher Gesteine sind die Metamorphite mit Verformungsgefüge (Seite 46). Kakirite und Kataklasite sind meistens für das Auge nicht sehr schöne Gesteine. Auch zerfallen sie oft in kleine Stücke, so daß man sie als Liebhaber nicht nach Hause mitnimmt. Anders die Mylonite. Es handelt sich bei diesen Gesteinen um Festgesteine, die in engen Zonen großer Verformung entstanden sind. Solche Zonen sind zum Beispiel die sogenannten Überschiebungshorizonte, das heißt die Flächen, wo ein kilometermächtiges Gesteinspaket als ‹Decke› über ein darunterliegendes geschoben wurde. Eines der klassischen Beispiele einer Überschiebung ist diejenige des gesamten Sedimentpakets der Kalkalpen (das ‹Helvetikum›) über den darunterliegenden Komplex, aufgebaut aus kristallinen Gesteinen (‹Aarmassiv›) und den darauf abgelagerten Sedimenten. Die jüngsten Sedimente auf dem Aarmassiv sind Flysch-Schiefer aus dem Tertiär. Darüber liegen heute z.B. an der Lochseite bei Schwanden klastische Sedimente aus der Perm-Zeit (‹Verrucano›). Auch sind die unter der Überschiebung liegenden Gesteine nicht metamorph, die darüberliegenden zeigen aber eine Metamorphose in Grünschiefer-Facies, die sie nicht am Ort, wo sie heute zu finden sind, durchgemacht haben können. Sie sind näm-

Tschingel-Hörner mit helvetischer Hauptüberschiebung, gebildet durch Lochseiten-Kalk (Calcit-Mylonit)

Calcit-Mylonit am Überschiebungshorizont, Lochseite (GL)

lich zuerst weiter im Süden metamorphisiert worden und erst nachher nach Norden über das Aarmassiv und seine Sedimente transportiert worden.

Mylonite sind extrem feinkörnige Gesteine mit Mineralkörnern in der Größenordnung von etwa 5–20 Mikrometern (Tausendstel Millimeter). Diese extrem feine Korngröße ist dadurch zustande gekommen, daß während der Verformung sich in den größeren Mineralkörnern einzelne Domänen bildeten, die sich später zu einzelnen kleinsten Körnern entwikkeln konnten. Auch kristallisierten während der Verformung neue Mineralkörner, die aber nur bis zu einer bestimmten Korngröße wachsen konnten, bevor sie selbst wieder aufgeteilt wurden. Wir bezeichnen diese Art von Verformung, bei der es nicht zu einem Zerbrechen des Gesteins und der Minerale kommt, als duktile Deformation. Die Temperatur, bei der die Verformung eines Gesteins duktil und nicht bruchhaft abläuft, hängt stark von der mineralogischen Zusammensetzung ab. Salzgesteine können schon bei niedrigen Temperaturen um 100°C duktil verformt werden, sie haben deshalb bei der Jurabildung vorzugsweise als Überschiebungshorizonte gedient. Alle andern Gesteine waren unter diesen Bedingungen noch zu spröde und zerbrachen bei der Verformung. In den Alpen hingegen, wo Metamorphosebedingungen der Grünschiefer-Facies und noch höher erreicht wurden, konnten auch Gesteine die reich an Quarz oder Calcit waren, duktil verformt werden, so daß wir sagen kön-

nen, daß Mylonite (außer Salz-Myloniten) nur in metamorphen Gebieten auftreten können.

Ausgewalzte Quarzkristalle in einem Quarz-Myloniten, Dünnschliffaufnahme (Bildbreite 2 mm), Simplonpaß (VS)

3. Teil
Gesteine sammeln
Exkursionen

Was Gesteinsnamen uns erzählen können

Eigentlich erstaunlich: Jede Schweizerin und jeder Schweizer kennt sicher gegen 100 Tierarten – und wohl fast ebensoviele Pflanzen. Wenn die Rede aber auf Gesteine kommt, ist es mit der Weisheit bald einmal vorbei.

Offenbar kennen Durchschnittsbürgerinnen und Durchschnittsbürger das Gesteinsreich so mangelhaft, weil sie weder im Elternhaus noch in der Schule etwas darüber gehört haben. Eltern und Lehrer ihrerseits wissen nichts oder nur wenig über die unbelebte Natur, weil sie selber ... und so weiter, bis zurück zu Adam und Eva. Auch diese unsere Stammeltern haben sich ja mit Schlange und Apfel befaßt, nicht aber mit Steinen. Zweifellos sind Tiere und Pflanzen für die meisten Menschen weit wichtiger als Gesteine – man denke nur an die ganze Landwirtschaft als angewandte Zoologie und Botanik. Daß die Geologie daneben ein Mauerblümchendasein fristen muß, darf kaum erstaunen: Granit kann man ja nicht essen.
Freilich begannen sich schon recht früh einige Spezialisten eingehender mit der Gesteinswelt zu befassen: Hersteller von Schmuck, Bergknappen (das sind Bergwerksarbeiter), Leute vom Bau, Wissenschaftler ...
In jüngerer Zeit ist die Beschäftigung mit der Natur zum Hobby von Millionen geworden. Dazu gehört ganz elementar das Sammeln von schönen Steinen, Kristallen und Fossilien (Versteinerungen). Der menschliche Sammeltrieb, einst Lebensgrundlage ganzer Sippen, äußert sich heute vor allem im Zusammentragen von Naturalien, die nicht der Ernährung, sondern der geistigen Befriedigung dienen.
Als solche Sammelobjekte sind die steinernen Fundstücke ideal: Sie brauchen weder Pflege noch Futter, verderben nicht und verlieren auch nach Jahrzehnten kaum an Glanz. Schade bloß, daß man so wenig über seine gesammelten Schätze weiß – wie sie heißen, welche Eigenschaften sie besitzen, wie und wo sie entstanden sind ...
Im zweiten Teil unseres Gesteinsführers machen wir einen Streifzug durch die Erdgeschichte, befassen uns mit den Beziehungen zwischen Mensch und Gestein, lernen eine Reihe geologischer Natursehenswürdigkeiten kennen und ziehen immer wieder hinaus auf Exkursion durch die ganze Schweiz. Wer die Sprache der Steine kennt, kann manches Geheimnis im Buch der Natur enträtseln. Hier geht etwa dem kurzlebigen Menschen auf, was Erdgeschichte bedeutet: Daß in den Jahrmilliarden vor unserem Erscheinen auf der Erde auch schon allerhand los gewesen ist. Da fluteten Meere heran und wichen wieder zurück, da türmten sich Bergketten auf und wurden abgetragen, da stießen Eiszeitgletscher vor und schmolzen später weg ... Gerade die Schweiz liefert zahlreiche Beispiele für solche dramatischen Vorgänge der erdgeschichtlichen Vergangenheit – einer Vergangenheit, die durch ihre Gesteinsvielfalt in der Gegenwart noch durchaus präsent ist.

Granit, Tellit, Blödit: Namensgeschichten aus dem Gesteinsbereich

Wie jedes Tier und jede Pflanze trägt auch jedes Gestein und jedes Mineral einen Namen. Oft versteckt sich hinter der Namengebung im Gesteinsbereich eine interessante Geschichte.

Verständlicherweise gaben die Menschen zuerst solchen Stoffen einen Namen, die ihnen von Nutzen waren. So zählt das Wort Salz, in der Schweiz in gleich zwei Regionen (Bex im Waadtland, Rheintal oberhalb Basel) gewonnen, zu den Bestandteilen der indogermanischen Ursprache und dürfte viele tausend Jahre alt sein. Auch das edle Metall Gold, mit den Wörtern ‹gelb› und ‹glühen› verwandt, blickt auf eine lange Geschichte zurück. Von ehrwürdigem Alter sind ebenfalls die Bezeichnungen Blei, Zinn, Stein, Flint (was Feuerstein bedeutet), Kies, Sand und Lehm. Es fällt auf, daß alle diese Ur-Ausdrücke bloß aus einer einzigen Silbe bestehen. Sinn für würzige Kürze zeigen auch die Benennungen aus der Sprache der Bergarbeiter späterer Jahrhunderte: Gneis, Quarz, Spat, Glanz…

Bei fortschreitender Erkenntnis in Wissenschaft und Technik wurde es nötig, das steinerne Reich immer feiner zu unterteilen. Mit dem Mikroskop erkannten

Die Eiszeit hat einen Klettergarten ins Mittelland gestellt. Bei diesem Granitfindling aus dem Wallis ist die körnige Struktur, die dem Gestein den Namen gegeben hat, selbst aus größerer Entfernung gut zu erkennen.

die Naturforscher nun Unterschiede, die dem nackten Auge entgangen waren. Und wo sich Unterschiede finden, braucht es auch unterschiedliche Namen. Einer gängigen Regel zufolge haben Wissenschaftler, die eine Neuentdeckung machen, das Recht, dieser einen Namen zu geben – handle es sich um Tiere oder Pflanzen, Sterne oder Steine.

Nun, die alten Geologen erinnerten sich wohl gerne ihrer klassischen Bildung und holten ihr Latein hervor. So diente das lateinische Wort ‹granum› für Korn als Grundlage zur Bezeichnung des körnigen Gesteins Granit. Und die zähnchenförmigen Ablagerungen dunkler Mangan-Verbindungen auf hellem Kalkstein erhielten den Namen Dendrit – nach dem lateinischen ‹dens› für Zahn.

Doch nicht allein bei den alten Römern wurden Anleihen gemacht. Manche Steineklopfer schauten auch dem Volk aufs Maul und überführten populäre Gesteinsnamen in die wissenschaftliche Literatur.

Auf diese Weise brachten es Nagelfluh, Flysch und Molasse – drei Volksbenennungen aus der Schweiz – zu internationalem Ruhm. Nagelfluh nennt man am Alpenrand ein Gestein, das aus zahllosen Geröllen zusammengebacken ist, so daß der Eindruck entsteht, eine Felswand (Fluh) sei mit rundköpfigen Hufnägeln gespickt. Flysch ist ursprünglich eine Lokalbezeichnung der Simmentaler

Junger Alpinist übt seine Kletterkünste an einem Block aus Nagelfluh. Das Konglomerat (aus Geröllen zusammengebackenes Gestein) erinnert an eine mit Hufnägeln gespickte Felswand – daher der Name.

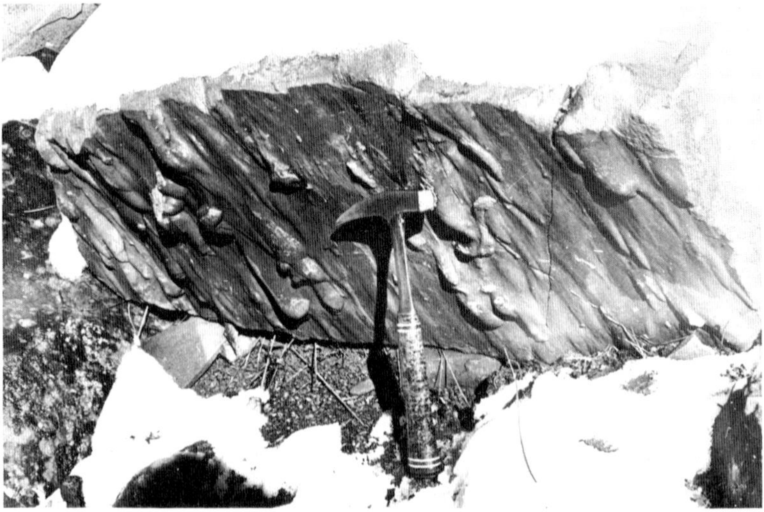

Eine Zone von Flyschgestein folgt dem nördlichen Alpenrand. Es handelt sich um Abfolgen von Sandsteinen und Schiefern, die im Gelände zum Rutschen neigen – zum ‹Fliessen›, wie der Name Flysch besagt.

Bauern im Berner Oberland; sie verstehen darunter ein weiches Schiefergestein, das zum Fließen (das heißt Rutschen) neigt. Die Molasse schließlich stammt aus der Westschweiz; Freiburger und Waadtländer Landleute nennen Sandsteine des Mittellandes ‹molasse› – von französisch ‹pierre molle› = weicher Stein.

Als Benennung beliebt war auch – und ist es noch immer – der Fundort. Vor allem seltenere Mineralien, deren Vorkommen an ganz bestimmte geologische Bedingungen gebunden bleibt, sind Kandidaten für diese Art der Namengebung. Da findet sich etwa der erst seit wenigen Jahren bekannte Grimselit aus einem Kraftwerkstollen am Grimselpaß im Berner Oberland. Bemerkenswert erscheint der Grimselit auch deshalb, weil er Uran enthält.

Noch besser vertreten bei den Mineralnamen ist der Kanton Wallis. Die Eisenmine von Chamoson im Unterwallis lieferte einen Chamosit, ein Eisenmineral. Weltruf besitzt die Mineraliengrube Lengenbach im Binntal (Oberwallis). Dort kommen exklusive Sulfosalze vor, die zum Teil nach der Fundlokalität benannt sind. So kennt man einen Lengenbachit, einen Binnit und einen Wallisit.

Jetzt wird auch das Prinzip deutlich, wie man einen Mineralnamen zusammenstellen kann. Ganz einfach: Man nehme einen Ortsnamen (oder auch, wie wir noch sehen werden, einen Personennamen) und hänge die Endung -it daran. Bei den Personennamen handelt es sich häufig um eine harmlose Form von Personenkult. Naturforscher verewigen ihre Kollegen (indem sie auf Gegenrecht hoffen), selbst wenn dabei recht merkwürdige Namen herauskommen.

Beispielsweise lebt der deutsche Mineraloge Carl August Blöde (1773–1820) im Natrium-Magnesium-Sulfat Blödit weiter. Freilich gelangen nicht bloß Fachgelehrte auf diese Weise zu Namensruhm, sondern auch schlichte Bergler: Nach dem 1969 verstorbenen Strahler (Kristallsucher) Joseph Imhof aus Binn ist ein Lengenbacher Sulfosalz Imhofit benannt worden.
Ja, sogar der legendäre Wilhelm Tell diente als Namengeber für ein in der Schweiz entdecktes Mineral, den Tellit. Allerdings konnte sich diese patriotische Bezeichnung international nicht durchsetzen. Zusammen mit dem Tellit verschwanden zwei weitere eidgenössisch klingende Mineralnamen aus der Fachliteratur, Schweizerit und Helvetan. Besserer Erfolg war hingegen dem Grischunit beschieden, einem Arsenmineral aus dem Kanton Graubünden.

Gesteine haben immer Saison

Das Sammeln von Gesteinen hat manche Vorteile. ‹Rohmaterial› steht reichlich zur Verfügung. Und schmerzlos ist die Sache für beide Seiten: Hobby-Geologen müssen sich kein Gewissen machen – denn sie reißen weder Pflanzen aus noch spießen sie Schmetterlinge auf Nadeln oder ertränken Käfer in Spiritus. Hier zehn Tips zum gedeihlichen Gesteinesammeln.

Naturfreunde kennen so ihre Sorgen. Ist da eine spektakuläre Sonnenfinsternis angesagt... und bestimmt verbergen Wolken das Ereignis. Oder beim Botanisieren: Eine Woche zu früh oder zu spät in den Bergen – nichts wird aus der erwarteten Blütenpracht. Desgleichen Tierbeobachter. Stundenlang mit dem Feldstecher auf der Lauer, aber leider haben die Hirsche heute gerade anderes vor, als sich hier zu zeigen.
Liebhaberinnen und Liebhabern der Geologie bleiben solche Probleme weitgehend fremd. Gesteine haben nämlich (fast) immer Saison. Selbst im Winter lassen sich Funde tätigen, wenn nicht zuviel Schnee liegt. Nichts wie hinaus also. Doch zuvor einige Hinweise, wie man möglichst rasch zu einer schönen Gesteinssammlung kommt.

1. Vorbereiten garantiert Erfolg

Was nützt der schönste Aufschluß – so heißen jene Stellen im Gelände, wo der Gesteinsuntergrund ans Tageslicht tritt –, wenn man keinen Hammer dabei hat, um Handstücke – das sind handliche Gesteinsmuster zum Heimnehmen – abzuschlagen? Und wie will man die Ausbeute eines ganzen Tages transportieren, es sei denn in einem geräumigen Rucksack?
Wer zum Gesteineklopfen ins Feld zieht, muß sich also den Ablauf der Expedition (und daure sie bloß drei Stunden im benachbarten Wald) gründlich überlegen. Da ist einmal das geologische Rüstzeug: stabiler Hammer, Meißel zum Herauslösen von allfälligen Versteinerungen und Kristallen, Messer, Lupe, Packmaterial, Notizblock, Schreibzeug, wasserfeste Filzstifte (Erklärung später unter Punkt 4).
Fortgeschrittene führen im Plastiksack stets auch ein Fläschchen mit zehnprozentiger (verdünnter) Salzsäure mit sich. Braust das Handstück beim Beträufeln auf, enthält es Calcit. Neben dieser speziellen Ausrüstung kommt das normale Zubehör von Wanderern oder Berggängern: Regenschutz, schwere Schuhe (unter Umständen Gummistiefel), Karte, Kompaß, Sonnenbrille, Verpflegung...

2. Mente et malleo

Mit ihrem Wahlspruch ‹mente et malleo› (aus dem Lateinischen übersetzt heißt das etwa: mit Köpfchen und Hammer) wollen die Geologen ausdrücken, daß bei ihrer Tätigkeit systematische Denkarbeit ebenso wichtig ist wie kräftiges

Alles Gute kommt von oben, auch in der Geologie. Daher lohnt es sich, den Fuß einer Felswand näher ins Auge zu fassen. Doch Vorsicht wegen Steinschlags.

Draufschlagen. In der Tat genießen die Erkunder der Erdkruste in erster Linie den Ruf robuster Naturburschen und setzen wohl gerade deshalb das ‹mente› vor ‹malleo›.

Halten wir es ebenso. Witzlos, gleich in der ersten Viertelstunde zehn Kilo Gesteinsbrocken in den Rucksack zu füllen und diese dann den ganzen Tag herumzuschleppen. Witzlos auch, sämtliche Varianten einer einzigen Gesteinsart zusammenzutragen, wenn eigentlich die Absicht besteht, einen Überblick über die geologische Vielfalt einer Region zu gewinnen.

3. Bloß keine Hektik

Gesteine können nicht weglaufen. Was soll also die Hektik? Zudem: Jahrmillionen hat die Natur sich Zeit genommen, um alle diese Gesteine rundherum zu schaffen. Da können wir Menschen durchaus einmal diese Perspektive übernehmen: Gesteinesammeln als ideales Anti-Streß-Programm.

Und weil ja – im Gegensatz zu den oft recht gehetzt wirkenden Profi-Geologen – uns Amateure kein Auftraggeber mit Terminen bedrängt, brauchen wir die Schichtreihe vom Erdaltertum bis zur Erdneuzeit nicht in einem einzigen Nachmittag abzuklopfen.

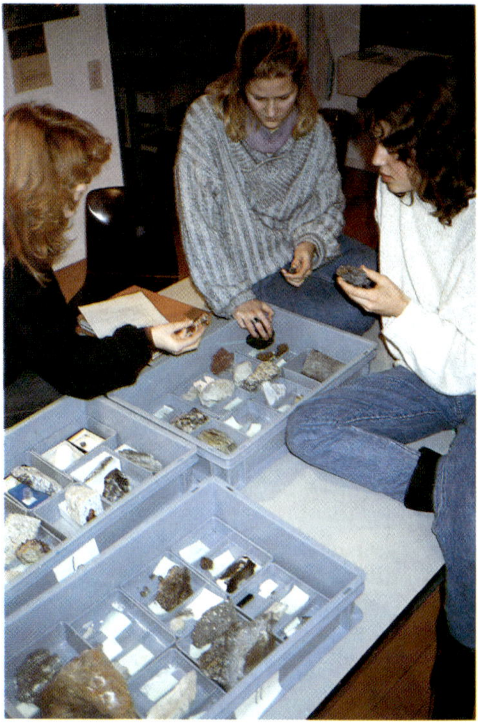

Eine wohlgeordnete Sammlung zeugt von Kennergeist. Zu jedem Handstück kommt eine Notiz mit Angaben über den Fundort.

4. Auswählen und ausstellen

Die wechselvolle Erdgeschichte hat in der Schweiz eine reiche Palette verschiedenartiger Gesteine entstehen lassen. Wählen wir sorgfältig aus, was wir davon in unsere Sammlung aufnehmen möchten. Die Handstücke sollten weder zu groß (schließlich müssen sie in der Wohnung Platz finden) noch zu klein bemessen sein (damit man den Gesteinscharakter gut erfassen kann). Ideal sind erfahrungsgemäß Stücke, die satt in der Handmuschel liegen.

Das Hauptaugenmerk richtet sich einerseits auf das Typische (welche Ausprägung einer Gesteinsart tritt am häufigsten auf), zum andern auf das Außergewöhnliche (Adern, Einschlüsse, eventuell Versteinerungen und Kristalle). Mit dem Hammer wird jeweils die Verwitterungskruste weggeschlagen, bis das frische Gestein zum Vorschein kommt.

Auf das formatisierte – in die gewünschte Größe gebrachte – Handstück kommt dann mit Filzstift eine Laufnummer. Entsprechende Notizen (Datum, Fundort, geologische Verhältnisse) werden unter dieser Nummer im Feldbuch (dem Notizheft der Geologen) eingetragen.

Die endgültige Bestimmung der gesammelten Gesteine erfolgt dann zu Hause, wo mehr Zeit zur Verfügung steht und die Lichtverhältnisse möglicherweise auch besser sind. Vorher werden verschmutzte Handstücke mit einer Bürste in Seifenlauge gewaschen. Nach dem Bestimmen folgt das Anschreiben und Ausstellen, wobei sich hier ein weites Feld persönlicher Liebhaberei öffnet – von der schlichten Kollektion in Kartonschächtelchen mit handschriftlichen Etiketten bis zu einem Hausmuseum in Glasvitrinen mit indirekter Beleuchtung.

5. Was alles sammeln?

Grundsätzlich gibt es zwei Möglichkeiten: Entweder geht man in die Tiefe oder in die Breite. Das heißt: Im ersten Fall beschränken wir uns auf einen begrenzten Bereich, erfassen diesen aber möglichst vollständig. Dies kann eine Landschaft sein (zum Beispiel alle Gesteine des Randen im Kanton Schaffhausen) oder ein Abschnitt der Erdgeschichte (alle Gesteine aus der Triaszeit in der Schweiz) oder aber eine Gesteinsgruppe (sämtliche Granite in ihrer ganzen Vielfalt).
Das Sammeln in die Breite bedeutet, daß man alles zusammenträgt, was einem in die Finger kommt. Auf diese Weise erhält man mit der Zeit einen schönen Querschnitt durch die Gesteinswelt des Landes. Auf das Sammeln folgt das Ordnen. Auch hier bieten sich verschiedene Möglichkeiten an.
Da ist einmal die systematische Einteilung nach Gesteinsarten (wie wir sie für unseren Führer gewählt haben). Eine andere Möglichkeit ist die geographische Gliederung nach Fundorten (Aargauer Jura, Glarnerland, Napfgebiet, Val d'Illiez im Unterwallis, Südtessin usw.). Schließlich die Aufstellung entsprechend der erdgeschichtlichen Abfolge, was aber einige geologische Kenntnisse voraussetzt: von den ‹Urgesteinen› des Erdaltertums bis zum Quelltuff, der sich gerade eben gebildet hat.

6. Alles Gute kommt von oben...

Wer schon weiß, was auf einer Gesteins-Expedition zu erwarten ist, befindet sich im Vorteil. Dieses Vorwissen läßt sich durch das Studium geologischer Karten und Literatur, aber auch durch Museumsbesuche erwerben. Einen guten Überblick im Gelände dann erhält man beim Durchmustern der Gesteinstrümmer am Fuß von Bergen. Bekanntlich kommt ja alles Gute, der Schwerkraft folgend, von oben.
So findet sich denn ein Sammelsurium aller in der Höhe vorkommenden Gesteine dort, wohin sie die Erosion getragen hat – wobei härtere Gesteine den oft rüden Transport besser überstehen als weiche und daher auch in verhältnismäßig größerer Menge vertreten sind.

7. Flüsse sind Fundgruben

Strenggenommen sollte man Handstücke nur vom Anstehenden gewinnen, also aus dem festen, ‹gewachsenen› Fels. Indessen kann, wer möglichst rasch zu einer umfassenden Kollektion kommen will und weniger Wert darauf legt zu wissen, woher genau seine Gesteine stammen, die Sammeltätigkeit auch in Fluß- und Bachbetten verlegen. Hier im Gesteinsschutt liegen die schönsten

Flüsse und Bäche sind die Transportbänder der Natur. An ihren Ufern findet sich eine bunte Palette fast aller im Einzugsgebiet vorkommenden Gesteinsarten.

Stücke wie auf dem Präsentierteller. Ihre Rundung verrät, daß sie beim Fortbewegen durch das Wasser abgeschliffen worden sind.

Weitere Möglichkeiten, sich die Transportleistungen der Natur zunutze zu machen, gibt es in den Ablagerungen heutiger und eiszeitlicher Gletscher (Moränen, Schotterfluren). Gerade das schweizerische Mittelland ist reich an Gesteinsmaterial aus den Alpen, herbeigeschafft von den verschiedenen Eiszeitgletschern. Die größten Brocken stehen als Findlinge (auch erratische Blöcke genannt) unter Naturschutz.

Verfestigte Flußablagerungen aus der Tertiärzeit finden sich längs des Alpennordrandes in einer mehr oder weniger breiten Nagelfluhzone. Die zum Teil auffallend bunten Gerölle stammen ursprünglich von Gesteinsformationen, die seither abgetragen worden sind.

8. Bitte Vorsicht

Gewiß sind Freizeitbeschäftigungen wie Fußballspielen oder Drachenfliegen riskanter als das vergleichsweise harmlose Gesteinesammeln. Indessen gilt es dennoch einige Vorsichtsmaßnahmen zu treffen. Wer mit dem Hammer auf Felsen schlägt, daß die Funken – und Gesteinssplitter – spritzen, schütze die

Augen mit einer Sonnenbrille oder einer Schutzbrille, wie sie die Chemiker im Labor tragen.
Und wer sich beim Hämmern auf die Hände zu hauen pflegt: Desinfektionsmittel und Verbandszeug mitnehmen. Erste Hilfe braucht's oft auch nach dem Bearbeiten von besonders scharfkantigem Gestein. Zarte Bürohände schätzen hier den Schutz durch Handschuhe. In Steinschlaggebieten und Steinbrüchen ist ein Schutzhelm erforderlich (Typ Bau- oder Industriearbeiter). Verbote in Steinbrüchen beachten, vor allem an Werktagen, wenn gesprengt werden könnte.

9. Theorie und Praxis

Wenn der Verfasser hier strenge Sicherheitsregeln aufstellt, tut er dies mit nicht ganz reinem Gewissen. Wie oft hat er selber baren Hauptes unter Felswänden Steine geklopft oder ist unbefugterweise in Brüchen herumgestrolcht. Zwischen Theorie und Praxis klafft eben auch in dieser Zunft ein Graben. Indessen muß jeder (und jede) selber wissen, was er (oder sie) riskieren will.
‹Lebendige› Hänge, wo ständig Steine herunterkollern, sollten jedenfalls gemieden werden. Aktive Steinbrüche nur mit Bewilligung betreten, auch am Wochenende. Fast riskanter als Naturgefahren ist der Straßenverkehr, etwa auf Paßstraßen. Wer hier am Straßenrand Gesteine sammelt, muß immer ein Auge und ein Ohr auf heranbrausende Motorfahrzeuge richten.
Achtung auch auf gute Sicherung in abschüssigem Gelände: Ein Schritt zurück kann ein Schritt ins Leere sein. Und nicht nur Edelweißpflücker sind schon abgestürzt, weil sie ein besonders schönes Stück in exponierter Lage unbedingt noch haben wollten. Am besten sorgt man – zumindest im Gebirge – für Begleitung und hinterläßt in jedem Fall eine Nachricht, wohin die Exkursion führen soll.

10. Ein naturverträgliches Hobby

Einleitend haben wir es schon betont: Das Gesteinesammeln ist ein ebenso naturverbundenes wie naturverträgliches Hobby. Weder Tiere noch Pflanzen müssen ja ihr Leben lassen, um unsere Sammlung zu bereichern. Doch Achtung bitte: Auch beim Sammeln selber auf Natur und Umwelt Rücksicht nehmen. Weder zu Fuß noch per Pneu Flurschäden anrichten. Vor der Arbeit auf Kulturland Besitzer um Erlaubnis fragen. Keine Gesteinsbrocken auf Wiesen und Äcker werfen – und schon gar nicht Abhänge hinunterrollen lassen.
Übereifrige Kristallsucher haben in den letzten Jahren durch eine wahre Materialschlacht (Einsatz von Sprengstoff) viel Goodwill verscherzt – mit dem Effekt, daß manche Gemeinden jetzt die Kristallsuche verboten oder stark eingeschränkt haben. Sorgen wir dafür, daß unsere Freiluft-Freizeitbeschäftigung ein ‹sanftes› Hobby bleibt, das niemandem zum Ärgernis gereicht.

Im Geschwindschritt durch die Erdgeschichte

Geschichtlich gesehen zählt die Schweiz zu den ältesten Ländern überhaupt. Wenige Staaten sonst können auf 700 Jahre Existenz zurückblicken. Erdgeschichtlich jedoch leben die Eidgenossinnen und Eidgenossen auf eher jungem Boden. Vor allem die Eiszeiten, von denen die jüngste erst vor etwa 10000 Jahren zu Ende ging, haben ein ausgesprochen jugendlich-dynamisches Relief geschaffen. Auch in den Alpen bleibt für Bewegung gesorgt: Die Gebirgsbildung geht weiter, und im Durchschnitt hebt sich das Gebirge jährlich um etwa einen Millimeter.

Von der jungen Oberflächengestalt wohl zu unterscheiden ist das Alter der Gesteine, die den Untergrund der Schweiz aufbauen – gerade 41293 Quadratkilometer. Freilich findet sich nirgendwo wirkliches ‹Urgestein› aus der Erdurzeit (Präkambrium, siehe die ‹Erdgeschichtliche Zeittafel›). Mindestens drei Gebirgsbildungen – die Kaledonische im frühen Erdaltertum (Paläozoikum), die Herzynische im späten Erdaltertum sowie die Alpine während der Erdneu-

Erdgeschichte hautnah erlebt. Ob dieser Kletterer wohl um das Schicksal des Gesteines weiß, dem er sich hier anvertraut?

zeit (Känozoikum) – haben das älteste Gesteinsmaterial umgeformt und überprägt. Es liegt heute in Form metamorpher Gesteine (hauptsächlich Gneise und Glimmerschiefer) vor. Altersbestimmungen an Mineralien, die radioaktive Elemente enthalten, datieren die ältesten Gesteine auf dem Gebiet der Schweiz auf rund 400 Millionen Jahre. Etwas jünger, gute 300 Jahrmillionen alt, sind die ausgedehnten Grantimassen, welche während der Herzynischen Gebirgsbildung in die obere Erdkruste eingedrungen und erstarrt sind (Montblanc-Granit, Aaregranit, Granite Graubündens mit Ausnahme des ‹jungen› Bergeller Granits).
An Sedimenten liefert das Erdaltertum flächen- und mengenmäßig nicht sehr viel, doch ausgesprochen interessantes Material. Erwähnt seien hier die Vallorcine-Konglomerate und die Anthrazite aus der Karbonzeit im Unterwallis sowie die auffallend roten Verrucano-Wüstenbildungen aus der darauffolgenden Permzeit im Glarnerland. Auch aus dem Perm stammen die Rhyolithe und Tuffe des Vulkangebietes am Luganersee. Unsere Erdaltertums-Exkursion führt ebenfalls ins Tessin, allerdings nicht zu den Vulkanruinen am Lago di Lugano, sondern zu den Gneisserien des Verzascatals unweit Locarno.

Gneise nach Herzenslust im Verzascatal

Das Verzascatal (Valle Verzasca) mündet zwischen Tenero und Gordola wenige Kilometer östlich Locarno in die Magadinoebene. Als in allgemein Nord-Süd-Richtung verlaufendes, tief in den Alpenkörper eingeschnittenes Tal bietet es instruktive Einblicke in eine der größten Gneisregionen der Schweiz. Unsere Exkursion besteht aus einer Halbtageswanderung von Mergoscia (von Locarno aus erreichbar mit dem blauen FART-Bus) an der westlichen Talflanke nach Lavertezzo in der Talsohle unten (von dort Rückfahrt mit dem Postauto nach Locarno). Beste Jahreszeiten sind Frühling und Herbst; der Sommer kann im engen Kessel recht heiß werden, und im Winter liegt oft überraschend viel Schnee.
Auch touristisch ist die gutmarkierte Wanderung von Mergoscia nach Lavertezzo sehr lohnend. Ausgangsort, Zwischenstation Corippo und Exkursionsziel Lavertezzo sind typische Tessiner Dörfer, in denen wir das einheimische Baumaterial Gneis in vielfältiger Weise eingesetzt sehen: zur Konstruktion von Mauern und – plattigere Gesteinspartien – von Dächern, von Treppen und Pergolen. In den Rebbergen kommen Gneisplatten ebenfalls häufig zum Einsatz.
Die Lagerung der Gneise ist anfänglich recht steil und wird später immer flacher. Dies läßt sich in den Aufschlüssen am Wegrand wie auch – großräumig – an der Architektur der gegenüberliegenden östlichen Talflanke feststellen. Für gesteinskundliche Beobachtungen eignet sich am besten das Bett der Verzasca, welches wir kurz hinter Corippo erreichen. Die klassischen Aufschlüsse liegen dann – durch Kalenderbilder in aller Welt bekanntgeworden – bei der alten Bogenbrücke von Lavertezzo.
Der ursprüngliche Gesteinsbestand aus der Erdalterum ist durch starke Metamorphose während der alpinen Gebirgsbildung ‹verjüngt› worden. Durch er-

Typische Bänderung in den Gneisen des Verzascatals, Tessin. Der Aufschluß liegt bei der Brücke von Lavertezzo.

höhte Temperaturen und Drucke wurde das Material teilweise mobil. Gut zu erkennen ist, wie die helleren Partien beweglicher waren als die dunklen. An gewissen Stellen durchziehen weißliche Aplit-Adern als jüngste Bildungen den Gneis. Eine Altersbestimmung des Biotits am Gneis bei Corippo nach der Kalium-Argon-Methode bestätigt die starke Überprägung: Sie ergab kein paläozoisches Bildungsalter von mehreren hundert Jahrmillionen, sondern ein typisches alpines Alter von ‹nur› 18 Millionen Jahren.
Das Betrachten – aber auch das Fotografieren oder Abzeichnen – der gebänderten Gneise im Flußbett der Verzasca ist ein ästhetisches Erlebnis. Stellenweise finden sich Schollen und Linsen von Kalksilikatfels oder dunklerem Hornblende- und Biotitgneis in den glattgeschliffenen Uferfelsen.
Wer rechtzeitig talauswärts fährt, möge in Tenero das Postauto verlassen (Rückkehr nach Locarno dann am besten mit dem Zug) und im breiten Verzasca-Bett herumstreifen. Hier liegt eine ganze Musterkarte der schönsten Gneise aus dem gesamten Einzugsgebiet. Als Begleiterin für die Verzasca-Exkursion empfiehlt sich die Landeskarte 1:50000, Blatt 276 ‹Val Verzasca›.

Gutgerundete Gneisgerölle finden sich im Delta der Verzasca zwischen Tenero und Gordola.

Das Erdmittelalter – eine Zeit der Meeresherrschaft

Vor 245 Jahrmillionen begann das Erdmittelalter (Mesozoikum); es dauerte bis vor 66 Millionen Jahren, als am Ende der Kreidezeit durch eine ökologische Großkatastrophe zahlreiche Tierarten (darunter alle Saurier und Ammoniten) ausstarben. Anzunehmen ist, daß der Einschlag eines Riesenmeteoriten das Massensterben ausgelöst hat. Durch den Aufprall sei derart viel Staub in die Atmosphäre geschleudert worden, daß die Sonnenstrahlen längere Zeit nicht mehr bis zur Erdoberfläche vordringen konnten und die Temperaturen daher auf tödliche Tiefwerte sanken.
Dieses gewaltsame Ereignis beendete eine Ära der Erdgeschichte, die in Mitteleuropa zu den friedlichsten zählt. Mitteleuropa? Nun, weil die Verteilung von Meeren und Kontinenten bekanntlich ständigen Schwankungen unterworfen bleibt, muß dieser geographische Begriff relativiert werden. In der Tat befand sich das Gebiet der heutigen Schweiz im Erdmittelalter während längerer Zeit von Meer bedeckt.
Für unsere Exkursion ins Erdmittelalter wählen wir die Gegend unmittelbar nördlich der Stadt Solothurn, wo am Jurasüdfuß helle Malmkalke anstehen.

Der ‹Solothurner Marmor› prägt Stadt und Landschaft

Wenige Städte werden so von einem Gestein geprägt wie gerade Solothurn: Der weiße Malmkalk als Baustein der zahlreichen Barockgebäude – allen voran der Sankt-Ursen-Kathedrale – ist wirklich nicht zu übersehen. Auch im Landschaftsbild dominiert dieser Kalk. Hell leuchten seine Felsen vom Aussichtsberg Weißenstein hoch über der Stadt.
In verschiedenen Steinbrüchen wurde und wird zum Teil noch immer der dekorative Baustein gewonnen, der bei den Steinhauern ‹Solothurner Marmor› heißt. Gesteinskundler wissen um die Neigung ihrer Kollegen im Steinbruch, alle polierbaren oder sonst irgendwie dekorativen Gesteine als Marmore zu bezeichnen, selbst wenn es sich – wie im vorliegenden Fall – um einen dichten Kalk handelt (und nicht um einen echten metamorphen Marmor).
Abgelagert wurde der Malmkalk von Solothurn vor 150 Millionen Jahren im Jurameer, und zwar in verhältnismäßig geringer Tiefe. Für ein Flachmeer sprechen die vielen versteinerten Turmschnecken, deren Längsschnitte manche polierte Steinplatte zieren. Seltener – dafür um so spektakulärer – sind fossile

Steinhauer im Steinbruch Kreuzen bei Solothurn. Hier wird jenes Gestein abgebaut, das den Charakter der Stadt prägt – ein heller Jurakalk, ‹Solothurner Marmor› genannt (obwohl er kein echter Marmor ist).

Panzer von Meeresschildkröten sowie guterhaltene Seestern-Kolonien, zu bewundern im modernen Naturmuseum gleich unterhalb der Kathedrale.
Weitere geologische Funde gibt es im Steinmuseum Kreuzen zu sehen, bei einer Wirtschaft zwischen dem gleichnamigen Steinbruch und der Verenaschlucht am Nordrand der Stadt gelegen. Im Steinbruch Kreuzen ruht heute der Abbau, doch werden noch Gesteine (nicht nur einheimischer Herkunft) bearbeitet und gelagert. Andere alte wie auch noch aktive Steinbrüche liegen leicht erreichbar in der Nähe und lassen sich auf den Landeskartenblättern 1:25000 Nr. 1127 ‹Solothurn› und 1107 ‹Balsthal› lokalisieren.
Die Bausteingewinnung in dieser Gegend geht auf die alten Römer zurück. Den Höhepunkt erreichte der Abbau im 18. Jahrhundert, als für Befestigungen und Barockbauten um die 300 Steinhauer beschäftigt waren. Gegenwärtig hat die Branche stark an Bedeutung verloren; wichtiger als die Gewinnung von Quadern und Platten ist die Schotterproduktion. Daneben finden wissenschaftliche Grabungen statt, um weitere versteinerte Schildkröten ans Tageslicht zu bringen. Um entsprechende Funde bewerben sich Museen selbst in den USA.
Besuchenswert ist die Verenaschlucht mit Einsiedelei. Die Schluchtwände bestehen aus Malmkalk. Längs des Weges liegen Findlingssteine aus dem Wallis, vom eiszeitlichen Rhonegletscher hierhergetragen. Einer davon ist dem Andenken an den Solothurner Jurageologen Amanz Gressly (1814–1865) gewidmet. Gressly hat den Begriff der Fazies in die Wissenschaft eingeführt. Unter Fazies (lateinisch ‹Gesicht›) versteht man das Erscheinungsbild einer Gesteinsschicht oder -serie. So kann man während der Malmzeit abgelagerte Sedimente in Mergelfazies antreffen, während in einiger Entfernung gleichaltrige Schichten in Kalkfazies vorkommen. Entscheidend ist jeweils das Ablagerungsmilieu: Die Kalke haben sich zum Beispiel im Flachwasserbereich gebildet, die Mergel zur selben Zeit in einem tieferen Meeresbecken (vgl. Korallenkalke von St. Ursanne, S. 84, und Effinger Mergel, S. 90).

Mittelland ist Molasseland

Während des späten Erdmittelalters (Mesozoikum) und der frühen Erdneuzeit (Känozoikum) herrschten im Gebiet der heutigen Schweiz außerhalb der Alpen zu einem großen Teil Festlandverhältnisse. Entsprechend dürftig sieht es mit Sedimenten und Versteinerungen aus. Immerhin wissen wir, daß die Pflanzenwelt mit dem Auftreten von Blütenpflanzen in der Oberkreide einen bedeutsamen Entwicklungsschritt machte. Nach dem Aussterben der Saurier am Ende der Kreidezeit vor 66 Millionen Jahren nahmen auch die Säugetiere – unsere Vorfahren – einen erfreulichen Aufschwung. Nun brach das Tertiär an, jene Periode der Erdgeschichte, die erst mit dem Eiszeitbeginn vor 1,6 Millionen Jahren zu Ende ging.
Nach aktuellen schweizerischen Maßstäben war das Tertiär über weiteste Strecken eine paradiesische Zeit. Versteinerte Palmen, Lorbeerpflanzen und Zimtbäume, wie man sie in den Sandsteinen des Mittellandes findet, deuten auf ein subtropisches Klima mit jährlichen Durchschnittstemperaturen um die 20 Grad hin (heute: 8 Grad). Geologisch ist das Tertiär geprägt durch die

Bildung der Alpen und – in der Vorlandsenke des Mittellandes – durch die Ablagerungen von mächtigen Molasse-Sedimenten.
Als Molasse bezeichnet man eine Abfolge von Nagelfluh, Sandstein und Mergeln. Es handelt sich um Schüttungen von Alpenflüssen, die mehr oder minder grobes Gesteinsmaterial aus den sich formierenden Bergen gegen Norden trugen. Dabei kam in Alpenrandnähe die grobe Nagelfluh zur Ablagerung, in der Mitte des Molassebeckens bildeten sich vorwiegend Sandsteine, gegen Norden dann nahm mit wachsender Transportdistanz der Anteil an feinkörnigen Mergeln zu.
Mehrmals wechselten Festland-/Süßwasserbedingungen und Meeresbedekkungen miteinander ab. Auf diese Weise entstand die Abfolge Untere Meeresmolasse – Untere Süßwassermolasse – Obere Meeresmolasse – Obere Süßwassermolasse. Die im Meer – es waren untiefe, schmale Meeresarme, die das Wiener Becken mit dem westlichen Mittelmeer verbanden – abgelagerten Molasse-Sedimente sind an ihren Versteinerungen von Meerestieren zu erkennen. Finden lassen sich, wie unsere Exkursion ins bernische Schwarzenburgerland zeigen wird, hauptsächlich Schnecken, Muscheln und vereinzelte Haifischzähne.
Molasseablagerungen kennt man übrigens auch im südlichsten Tessin, das geologisch bereits zur Poebene gehört. Hier erfolgte die Schüttung von Nor-

Eine Meeresmuschel (Kamm-Muschel/Pecten) aus den Molassesandsteinen des höheren bernischen Mittellandes. Sie ist ein Beweis für die marine Entstehung dieser Sedimente.

den und Nordosten: Bei Chiasso etwa gibt es ein Konglomerat mit großen Geröllen aus Bergeller Granit.

Hügel und Schluchten im Molasseland zwischen Bern und Schwarzenburg

Die Szene könnte einem Werbeprospekt der Schweizerischen Verkehrszentrale entstammen: grüne Matten, dunkle Tannen, grasende Kühe und – tatsächlich – ein pflügendes Pferdegespann. Wir befinden uns im Hügelland zwischen Bern und Schwarzenburg, abseits ausgetretener Pfade. Unser erstes Ziel der Molasse-Exkursion ist der Imihubel, eine in Geologenkreisen weitherum bekannte Anhöhe knapp vier Kilometer südwestlich des Bauerndorfes Zimmerwald.

Der bewaldete Imihubel unweit Zimmerwald in Kanton Bern. Wer würde glauben, der Untergrund dieser Bauernlandschaft sei vor Jahrmillionen in einem Meer abgelagert worden?

Die Sandsteinschichten am Imihubel sind reich an Versteinerungen. Sorgfältig werden sie samt Nebengestein aus dem Fels gelöst (oben); die weitere Präparation erfolgt dann zuhause.

Die Anhöhe des Imihubels, 981 m ü.M., wird von einer Baumgruppe gekrönt und trägt die Spuren einer Festungsanlage, eines Erdwerkes unbestimmter Zeitstellung. Der Untergrund besteht – wie der ganze Sockel der Hügelregion – aus Sandsteinen der Oberen Meeresmolasse. Hier fast 1000 Meter über dem gegenwärtigen Ozeanpegel in einer typisch binnenländischen Umgebung sollen Meeressedimente zu finden sein? Den Beweis dafür liefern Versteinerungen, die wir aus den Sandsteinbänken südwestlich der Kuppe klauben: Meeresschnecken, Meeresmuscheln, mit etwas Glück auch einen Haifischzahn. Weitere Fundstellen gibt es am Belpberg, im Osten jenseits des Gürbetals gelegen.

Der Imihubel bekommt nicht selten Besuch von Geologen aus aller Welt, weil er in der Fachliteratur als Typlokalität für die Stufe des Helvetian beschrieben ist. Das Helvetian gehört zum Miozän, einer Unterabteilung der Tertiärzeit. Typlokalitäten heißen jene Aufschlüsse, wo bestimmte Stufen in besonders typischer Ausprägung vorkommen und gesteinskundlich genau erfaßt worden sind. Als Beispiele für weitere Typlokalitäten auf Schweizer Boden seien die Steinbrüche bei den Ortschaften Valangin und Hauterive unweit Neuenburg (Neuchâtel) genannt; dort treten marine Kalke und Mergel der Unterkreide zutage, bezeichnet als Valanginian und Hauterivian.

Das Schwarzwasser hat sich eine idyllische Waldschlucht – stellenweise einen richtigen Canyon – in die Sandsteinserien der mittelländischen Molasse gefressen.

Diese in der Schweiz definierten Stufenbenennungen – wie unser Helvetian am Imihubel – sind rund um den Erdball in Gebrauch, wo immer auch geologisch gleichaltrige Schichten auftreten. Die Helvetian-Sandsteine zwischen Bern und Schwarzenburg wurden vor etwa 17 Millionen Jahren abgelagert. Seither muß sich die Region um mindestens 1000 Meter in die heutige Höhe gehoben haben – zweifellos während der Spätphase der alpinen Gebirgsbildung. Die Alpen übrigens sind vom Imihubel aus bestens zu sehen; Eiger, Mönch und Jungfrau dominieren das prächtige Panorama.
Wie mächtig die Molasseschichten sind, zeigt sich beim Abstieg gegen Südwesten in die Schluchten von Schwarzwasser und Sense (Landeskarte der Schweiz 1:25000, Blatt 1186 ‹Schwarzenburg›). Es sind richtige Canyons, mehrere hundert Meter tief ins Hügelland eingeschnitten. An den Steilwänden treten immer wieder bald gebankte, bald massige Sandsteine zutage. Sowohl Schwarzwasser wie Sense gehören im Sommer zu den beliebtesten Naherholungsgebieten rund um Bern. Wer ein geschärftes Auge für Gesteine hat, entdeckt in den Flußbetten ab und zu Findlingsblöcke aus dem Wallis (etwa helle Montblanc-Granite), herbeigetragen vom eiszeitlichen Rhonegletscher.
Doch zurück zur Molasse. Am Oberlauf der Sense zwischen Guggisberg und Plaffeien, bevor sie in ihren Canyon eintritt, liegt die Molassefalte des Fallvor-

Molassefalte beim Fallvorsassli gegenüber Plaffeien an der jungen Sense. Hier in Alpenrandnähe haben sich die Schubkräfte der Gebirgsbildung stellenweise auf die sonst ziemlich flach liegenden Sandsteinschichten der mittelländischen Molasse übertragen.

sassli (Landeskarte 1:25000, Blatt 1206 ‹Guggisberg›, Koordinaten 589.800/177.500). Die lehrbuchhaft schöne Falte zeigt, daß die südliche Molassezone in der Nähe des Alpenrandes noch in die Gebirgsbildung einbezogen wurde. Der Aufschluß liegt am östlichen (bernischen) Senseufer, ist aber am besten vom gegenüberliegenden freiburgischen Westufer zu studieren. Weiter südlich beginnt bald auch das Flyschgebiet mit den Bernsteinvorkommen, beschrieben im Kapitel über geologische Spezialitäten.

Am Aletschgletscher ist die Eiszeit noch nicht zu Ende

Eiszeit (Pleistozän) und Nacheiszeit (Holozän) bilden zusammen die jüngste Periode der Erdgeschichte: das Quartär. Von der Eiszeit und ihren Folgen ist in diesem Buch an verschiedenen Stellen die Rede, hauptsächlich im Kapitel über Findlinge. Dort sind auch Exkursionen zu solchen steinernen Zeugen der Eiszeit angeführt.

Unser nächster Ausflug führt uns in eine Gegend, wo Gletscher noch immer aktiv sind: ins Aletschgebiet im Oberwallis. Allerdings werden wir den Großen Aletschgletscher – mit 24 Kilometern längster Eisstrom der Alpen – nicht über-

Gesteinsblöcke der linken (südlichen) Seitenmoräne des Großen Aletschgletschers im Oberwallis. Die rostrote Färbung deutet auf einen gewissen Eisengehalt hin.

Sommerlicher Schmelzwassertümpel auf dem Eis des Großen Aletschgletschers. Das Eis enthält einen bedeutenden Anteil an feinkörnigen Gesteinsbruchstücken.

queren, sondern nur, mit gebotenem Respekt, seitlich beschnuppern. Mindestens so interessant wie das Eis sind die von ihm geschaffenen Seitenmoränen.

Von Mörel aus (Bahnstation der Linie Brig – Andermatt, Furka-Oberalp-Bahn) führt eine Seilbahn in die Höhe auf die Riederalp. Nach einer halben Stunde ist die Riederfurka mit ihrem Naturschutzzentrum samt Alpengarten erreicht. Hier beginnt auch der Aletschwald, ein lockerer Arven- und Lärchenwald. Hoch über dem Gletscher führt der Wanderweg durch den urwüchsigen Wald in nordöstlicher Richtung (Landeskarte 1:25000, Blatt 1269 ‹Aletschgletscher›). Nach etwa einer Stunde zweigt gegen links ein Pfad hinunter zum Gletscher ab. Bevor wir den Eisrand erreichen, ist die mächtige Seitenmoräne zu überwinden. In dem aus feinem Lockermaterial und Gesteinsblöcken jeder Größe gebildeten Wall fallen dunkelrostrot verfärbte Brocken auf – offenbar gibt es im Einzugsgebiet des Gletschers ein der Erosion ausgesetztes Eisenerzvorkommen.

Das Eis ist alles andere als weiß. Die vorherrschenden Farben sind blau und grau. Teilchen eingelagerter Mineralsubstanz zeigen ein Bändermuster. Unter

sommerlicher Walliser Sonne gurgelt Schmelzwasser und verschwindet in blauschwarzen Schlünden. Lieber nicht zu nahe treten.
Die Rückkehr erfolgt auf dem gleichen Weg oder – um den Ausflug zu einer Rundwanderung zu machen – über Blausee (Badegelegenheit) und Greicheralp.
Werden – so fragen wir uns – die Gletscher wieder bis ins Mittelland vorstoßen, so daß unsere Nachfahren den (mit dem Rhonegletscher vereinigten) Aletschgletscher vor der Haustür besuchen können? Im Moment spricht man zwar eher von einer weltweiten Erwärmung durch den Treibhauseffekt. Doch auch eine plötzliche Abkühlung, welche die nächste Eiszeit einleiten würde, könnte sich ereignen. Nicht wenige Wissenschaftler gehen davon aus, daß wir uns gegenwärtig in einer Zwischeneiszeit befinden.

Geologie für Genießer – eine Handvoll Spezialitäten

So ist der Mensch: Das Besondere reizt ihn mehr als das Allgemeine. Dies gilt sicher auch bezüglich der Gesteine. Ein Berg aus Bündnerschiefer – gut und recht. Eine Klus aus Kalk – warum denn nicht? Molasse und Moränen im Mittelland – sie wissen uns eine ganze Menge zu erzählen. Doch höher schlägt das Herz nicht dann, wenn man wie in einem Selbstbedienungsladen die Gesteinsstücke aufsammeln kann, sondern vor allem bei außergewöhnlichen Funden. Dieses Kapitel weist den Weg zu einigen geologischen Spezialitäten.

Kristalle, blitzende Schätze aus den Bergen

In ihrer Vielfalt an Formen und Farben sind die Kristalle ein Abbild jener Berge, von denen sie stammen. Anders als die ‹gewöhnlichen› Gesteine, denen das Hauptaugenmerk dieses Buches gilt, gehören die Kristalle nicht zum Erfahrungsbereich unseres Alltags und sind deshalb mit dem Schimmer des Geheimnisvollen umgeben. Welche Kräfte der unbelebten Natur formten tief im Bergesinnern solch perfekte Gestalten mit glatten Flächen und scharfen Kanten?

Im Altertum glaubte man, Kristalle – worunter speziell der Quarz oder Bergkristall verstanden wurde – seien nichts anderes als gefrorenes Wasser: Eis also, welches durch die Gebirgskälte derart hart geworden sei, daß es selbst beim Erwärmen nicht mehr aufzutauen vermag.

Über den Bau der Berge machte man sich auch im Mittelalter wenig Gedanken. Die Leute stellten sich vor, Kobolde und Zwerge würden im Schoß der Alpen die kristallenen Schätze hüten. Erst im 18. Jahrhundert erwachte die Naturforschung, und gleichzeitig propagierte der Berner Universalgelehrte Albrecht von Haller in seinem Gedicht ‹Die Alpen› von 1729 die Schönheiten der Bergkristalle.

Heute weiß man dank generationenlanger Forschungsarbeit der Mineralogen über Entstehung und Vorkommen der Kristalle recht gut Bescheid. Bei der Hebung der Alpen, vor etwa 20–12 Millionen Jahren, sind durch seitlich wirkende Scherkräfte im Gestein zahlreiche Klüfte aufgerissen, die sogenannten Zerrklüfte. Dort zirkulierten in Tiefen zwischen 5 und 15 Kilometern unter der damaligen Erdkruste heiße Wasser. Sie lösten Mineralstoffe aus dem umgebenden Gestein und schieden diese dann in schön kristallisierter Form in den Zerrklüften aus. Kristalle sind also ‹Kinder› des gewöhnlichen Gesteins.

Hebungen des Gebirges in einer Spätphase der Alpenfaltung sowie seitherige Verwitterung legen die Kristallklüfte nach und nach frei. Um Nachschub brauchen wir also nicht zu bangen: Immer neue Kristallvorkommen werden das Tageslicht erblicken. Übrigens geht die Gebirgshebung weiter. In den zentralen Alpen sind Hebungsbeträge von etwa einem Millimeter pro Jahr gemessen worden. In geologischen Zeiten vor Jahrmillionen kommt da einiges zusammen.

Strahler in einer neuentdeckten Kristallkluft. Zeichnung von Robert André aus dem Buch ‹Steinreich Schweiz›, Band 1, Aare-Verlag Solothurn.

Neue Zerrklüfte werden entweder auf natürliche Weise durch Verwitterung freigelegt, bei Bauarbeiten zufällig geöffnet oder aber von Strahlern mit speziellen Werkzeugen aufgebrochen. Am Werk sind sowohl Berufsleute wie auch Amateure, wobei beide Gruppen – Zeichen der Zeit – oft wahre Materialschlachten schlagen, um der begehrten Schätze habhaft zu werden. Bei größeren Unternehmen kommen heute fast routinemäßig Preßlufthämmer und Sprengstoff zum Einsatz; den Abtransport besorgen dann Helikopter.
Zum Glück können auch bescheidenere Steinklopfer daneben noch schöne Funde tätigen. Auch bei der Kristallsuche gilt der Geologengrundsatz ‹mente et malleo› – mit Köpfchen und Hammer. Dieses Hobby hat in den jüngsten Jahren einen erfreulichen Aufschwung genommen, und in manchen Ortschaften bestehen nun Gruppen von Hobby-Strahlern. Wer die speziellen Kniffe (und vielversprechendsten Plätzchen) kennenlernen möchte, schließe sich einer solchen Vereinigung an oder bitte zumindest einen erfahrenen Veteranen um Rat. Verschiedene Gemeinden haben übrigens das Kristallsammeln für bewilligungspflichtig erklärt.
Damit keine falschen Vorstellungen aufkommen: Kristalle ‹frisch ab Kluft› sind meist noch lehmverschmiert und müssen sorgfältig gewaschen werden, bevor sie in vollem Glanz erstrahlen. Nicht alle Regionen der Alpen erweisen sich als gleichermaßen reich an Kristallen. Besonders gute Erfolgsaussichten hat man in kristallinen Gesteinen, also in den Granit- und Gneiszonen der zentralen Alpen. Schwerpunkte liegen hier im Haslital (Berner Oberland), in den Urner Alpen und im oberen Tal des Vorderrheins (Tavetsch). Auch das Binntal, ein

bei Fiesch von Süden her ins Goms (Oberwallis) einmündendes Seitental, ist eine wahre Fundgrube. Hier gibt es neben den klassischen Zerrkluftkristallen noch ein spezielles Vorkommen in weißem, zuckerförmigem Dolomit: In der Mineraliengrube Lengenbach werden seltene Sulfosalze unterirdisch abgebaut. Lengenbach ist das einzige Kristallbergwerk der Schweiz. Eine Exkursion führt uns zwar nicht in die Grube selber, jedoch auf die Abraumhalde, wo mit Sicherheit noch schöne Stücke zu finden sind.

Exkursion ins Binntal

Bevor wir im zuckerkörnigen Dolomit der Abraumhalde vor der Mineraliengrube Lengenbach nach seltenen Sulfosalzen – und den viel häufigeren Kristallen aus Pyrit (‹Katzengold›) – wühlen, durchwandern wir das auch in anderer Beziehung ‹steinreiche› Binntal. Von Fiesch im Tal der jungen Rhone (Station der Furka-Oberalp-Bahn) bringt uns der Autobus via Ernen zum Ausgang der Twingi-Schlucht. Dieser Schlund, in Bündnerschiefer eingekerbt, trennt das Binntal von der Außenwelt. Bevor 1964 ein zwei Kilometer langer Straßentunnel gebaut wurde, war die Zufahrt hier vor allem im Winter oft

Mit Hammer und Meißel, Geduld und Geschick auf Exkursion im Binntal (Oberwallis). Auch wer keine Raritäten findet, muß nicht mit leerem Rucksack heimkehren.

monatelang gesperrt. Dem Binntal bekam die Isolation nicht schlecht, bewahrte es doch so seine Natürlichkeit.
Die alte Straße durch die Twingi-Schlucht ist jetzt ein Wanderweg. Während rechterhand der Abgrund gähnt, lassen sich links die Schiefer in ihrer ganzen Vielfalt bewundern: Kleinfältelungen, spiegelnde Flächen, helle Calcit-Adern in dunklem Gestein, Wechsellagerung von kalkigeren und tonigeren Schichten mit unterschiedlicher Widerstandskraft gegenüber der Verwitterung. Die Bündnerschiefer sind während des Erdmittelalters im Ur-Mittelmeer, der Tethys, in beträchtlichen Tiefen abgelagert worden und kommen nicht allein in Graubünden, sondern, wie wir sehen, auch im Wallis vor. Zum Leidwesen der Geologen enthalten sie kaum Versteinerungen, was ihre Datierung erschwert. Eine grobe Zuordnung ist indessen möglich: Der Hauptteil der Bündnerschiefer stammt aus der Jura- und der Kreidezeit.
Nach einer guten Stunde ist das Dorf Binn mit seinen sonnengebräunten Holzhäusern erreicht. Hier bietet sich Gelegenheit zur Mittagsrast, etwa im historischen Hotel ‹Ofenhorn›, Treffpunkt der Kristallsucher und Bergwanderer. Weiter geht's dann auf der Nordseite der schäumenden Binna bis zum Weiler Fäld (in der geologischen Literatur steht meist noch die ältere Bezeich-

Sulfosalze – wie dieser dunkle Kristall im Nebengestein aus zuckerkörnigem Dolomit – sind eine Spezialität der Mineraliengrube Lengenbach, an der Südflanke des hinteren Binntales gelegen.

nung Imfeld). Hier beginnt der Aufstieg in südöstlicher Richtung zur Mineraliengrube Lengenbach.
Was von weitem wie ein Gletscher aussieht, ist die mit Dolomitblöcken übersäte Abraumhalde der Mineraliengrube. Muntere Hammerklänge tönen uns entgegen: Daß es hier gratis und franko blitzende Schätze zu behändigen gibt, hat sich offenbar herumgesprochen. Allerdings sind oft blutige Anfänger am Werk, die – ohne Erfolgsaussichten – wie wild auf grünen Serpentinit-Sturzblöcken herumhacken. Diese metamorphen Gesteine stammen aus einem Serpentinit-Vorkommen am Geißpfadsee oben, in der Nähe der Grenze zu Italien.
Wir hingegen halten uns an die blendend weißen Stücke des zuckerkörnigen Dolomites aus der Mineraliengrube. Das dem Kalk verwandte Gestein aus der Triaszeit ist später während der alpinen Gebirgsbildung mit erzhaltigen wäßrigen Lösungen imprägniert worden. Dabei bildete sich eine ganze Reihe kleinerer, aber seltener und wunderhübsch anzuschauender Kristalle: sogenannte Sulfosalze. 18 dieser Sulfosalze – sie enthalten neben Schwefel auch Arsen – wurden hier am Lengenbach entdeckt, und für zehn von ihnen sind auf der ganzen Erde sonst keine weiteren Vorkommen bekannt. Dies erklärt auch, warum Sammler selbst aus Amerika anrücken, um nach diesen Kostbarkeiten zu suchen.
Mehr als hektisches Herumhämmern hilft übrigens sanftes Aufbrechen der nicht allzu harten Handstücke, gefolgt von scharfem Beobachten mit der Lupe. Eher als seltene Sulfosalze finden Amateure auf der Halde übrigens die viel häufigeren Pyrite (Eisenschwefelkies) oder, mit etwas Glück, gelegentlich auch rote Realgare. Zum Vervollständigen der Kollektion sei vor der Rückfahrt nach Fiesch ein Besuch des Mineraliengeschäfts von Strahler Toni Imhof in Binn empfohlen. Die Binntal-Wanderung dauert – Gesteinsklopferei inbegriffen – etwa sechs Stunden. Zur Ausrüstung gehört auch die Landeskarte 1:25000, Blatt 1270 ‹Binntal›. Übernachtungsmöglichkeit im Hotel ‹Ofenhorn›, Binn.

Versteinerungen, Lebensspuren der erdgeschichtlichen Vergangenheit

In Sedimentgesteinen – und zwar weit häufiger in Meeresablagerungen als in Bildungen des Festlandes – finden sich gelegentlich Versteinerungen, auch Fossilien genannt. Diese Überreste der erdgeschichtlichen Vergangenheit erzählen, wie die Schweiz vor Jahrmillionen ausgesehen hat und in welcher Umgebung das Gestein entstanden ist (Fazies-Fossilien). Außerdem helfen manche von ihnen als Leitfossilien den Geologen bei der Datierung der Fundschicht, denn jeder Abschnitt der Erdgeschichte kannte seine ihm eigene Lebenswelt.
Wer also auf Knochen riesenhafter Landsaurier stößt (hierzulande leider eher eine Ausnahme), hat es mit Gesteinen aus dem Erdmittelalter zu tun. Korallenkalke weisen auf tropische Ozeane hin, während Mammutreste an die Eiszeiten erinnern. Über Versteinerungen gibt es eine reiche, auch Amateuren verständliche Literatur. Entsprechende Titel sind im Anhang aufgeführt. In unse-

rem Gesteinsbestimmungsbuch möchten wir nicht näher auf die stark biologisch orientierte Paläontologie (Versteinerungskunde) eingehen. Indessen sei hier im Kapitel über geologische Spezialitäten die Brücke von den Fossilien zur Volkskunde geschlagen: Schon immer haben sich Menschen mit den Versteinerungen befaßt und ihnen allerhand Nutzanwendungen abgewonnen.

Auf Exkursion im Jura. Ein ergiebiger Tag: Im verlassenen Steinbruch am Waldrand haben wir nicht nur Kalke und Mergel für unsere Gesteinssammlung behändigt, sondern auch zahlreiche versteinerte Meerestiere entdeckt. Besonders häufig sind hier die Rhynchonellen, zweischalige Weichtiere. Auf den ersten Blick könnte man sie für Muscheln halten; sie gehören aber zur Tierklasse der Brachiopoden (Armkiemer).

Eben schultern wir die Rucksäcke, da kommt eine Bäuerin des Weges. «Aha, ihr habt wohl Tübeli gefunden», lacht sie. Tübeli? Kleine Tauben? «Nun, diese seltsamen herzförmigen Figuren im Fels.» Tatsächlich zeigen guterhaltene Rhynchonellen die Form eines Herzens, und mit etwas Einbildungskraft erscheinen sie durchaus auch wie kleine Tauben. «Wer ein Tübeli auf sich trägt, ist vor Hexenwerk und bösem Blick geschützt», meint die Bauersfrau. «Natürlich Aberglaube, aber wenn's nichts nützt, so schadet's wenigstens nichts.»

Bis heute hält sich vor allem beim Landvolk der Glaube an zauberkräftige oder auch heilkräftige Wirkungen, die von Versteinerungen (übrigens auch von Kristallen) ausgehen. Diese Auffassung hat Tradition: Bereits in einer 1688 erschienenen Abhandlung ist über versteinerte Ammoniten zu lesen, «...daß dieser Drachenstein sonderbare Kraft bey Hexery hat, sonderlich wann die Kühe ihre Milch nicht geben oder von Hexen durch Satans Betrug ausgemolken werden: Alsdann wird in den Melktopf dieser Stein gelegt» – und die vermißte Milch soll sich bald wieder einstellen.

Ammoniten sind Verwandte der Tintenfische und besitzen ein spiralig gewundenes Gehäuse – oder besser gesagt: sie besaßen es, denn am Ende der Kreidezeit vor 66 Millionen Jahren (also an der Wende von Erdmittelalter zu Erdneuzeit) starben die Ammoniten aus, wie übrigens auch ihre geradschaligen Vettern, die Belemniten. Ammoniten wie Belemniten finden sich gar nicht so selten in den Kalken und Mergeln des Juragebirges. Von den Belemniten vermutete das Volk, sie seien bei Gewittern vom Himmel gefallen, und nannte sie deshalb Donnerkeile.

Dem vermeintlichen Himmelsgeschenk wurde besondere Heilkraft zugeschrieben. Nach volksmedizinischem Grundsatz, wonach zwischen Leiden und Heilmittel ein anschaulicher Bezug bestehe, kam der geschoßförmige Belemnit – als Pulver eingenommen – gegen Hexenschuß und Stechen in der Brust zur Anwendung. Ferner ließen sich böse Träume verscheuchen, wenn man vor dem Einschlafen einen Donnerkeil unters Kopfkissen legte: Versteinerungen als frühe Psychopharmaka.

Ebenso beliebt waren Haifischzähne,wie sie hauptsächlich in Sandsteinen der mittelländischen Meeresmolasse vorkommen. Diese dreieckigen Gebilde galten als versteinerte Schlangenzungen und hießen Glossopetren, wörtlich ‹Zungensteine›. In der Volksmedizin waren sie nach Vergiftungen aller Art in Gebrauch, außerdem bei Krampfanfällen, Fieber und Blattern.

Besonders schön zeigt sich der Bezug zwischen Form und Verwendungszweck bei versteinerten Stengelgliedern von Seelilien, in bestimmten Schichten des Juragebirges (Trias-Trochitenkalk) gehäuft auftretend. Stengelglieder von fünfeckigem Querschnitt waren begehrt als Drudenfüße: Die zauberkräftige Fünfzahl sollte böse Geister von den Wohnungen fernhalten – ein Glaube, der noch aus keltischer Zeit stammt. Runde Seelilien-Stengel hingegen (bei den Seelilien handelt es sich keineswegs um Pflanzen, sondern um festsitzende Meerestiere) wurden als ‹Sonnensteine› sogar in Apotheken verkauft. Weil die runde Form als Zeichen vollkommener Harmonie gilt, wirkten Sonnensteine – so dachte man noch vor 200 Jahren – heilend bei seelischen Leiden, aber auch bei körperlichen Übeln wie Nasenbluten oder Nierenschmerzen.

Auf Bernsteinsuche im Freiburgerland

Zu den geologischen Raritäten der Schweiz zählt zweifellos der Bernstein. Es handelt sich um Baumharz der geologischen Vergangenheit, erhalten geblieben als gelbliche Einschlüsse in den Flysch-Schiefern des nördlichen Alpenrandes. Zuweilen findet sich – als Rarität in der Rarität – im Bernstein eingeschlossen ein winziges Insekt.

Steilgestellte Flysch-Schiefer im Steinbruch Zollhaus (zwischen Plaffeien und Schwarzsee, Kanton Freiburg), eine Fundstelle des bernsteinartigen Plaffeiits.

Plaffeiit aus der freiburgischen Alpenrandzone ist verhärtetes Baumharz aus der Zeit vor 50 Millionen Jahren, dem bekannten Bernstein eng verwandt. Gewisse Plaffeiit-Körner enthalten Einschlüsse von Insekten.

Bernstein war bereits den Griechen des Altertums bekannt. Sie nannten ihn Elektron. Daraus ist der Begriff Elektrizität abgeleitet, weil durch Reiben an Bernsteinen elektrische Erscheinungen auftreten. Im Laufe der Zeit zirkulierten die verschiedensten Theorien über die Entstehung des Bernsteins, dessen Name übrigens nichts mit der Bundesstadt Bern zu schaffen hat, sondern eine Abwandlung von ‹Brennstein› ist – das altehrwürdige Harz erweist sich als brennbar. Früher glaubte man, die honiggelbe Substanz sei aus Tierkot, aus Bienenhonig oder sogar aus Sonnenlicht hervorgegangen. Als fossiles Baumharz wurde Bernstein 1811 durch die deutschen Naturforscher Struve und Schweiger erkannt. Die bekanntesten Vorkommen liegen an der baltischen Ostseeküste und im Libanon.

Obwohl keine Schmuckqualität erreichend, sind die Funde im Flysch der Schweiz durchaus bemerkenswert. Entsprechende Vorkommen sind aus dem Obwaldnerland (Glaubenbergpaß, Fallhörnli bei Alpnach), aus dem bernischen Schwarzenburgerland (Zigerhubel am Gurnigel, Wissenbach bei Rüschegg-Heubach) und aus dem Freiburgischen bekannt. Diese letztgenannten Lagerstätten in der Umgebung von Plaffeien (von Freiburg aus mit dem Autobus GFM zu erreichen) möchten wir nun aufsuchen. Doch hier gleich eine

Warnung: Die bernsteinführenden Flyschbänke liegen in starkbewaldetem, zu Rutschungen neigendem Gebiet. Wo gestern noch schöne Funde des Urzeitharzes zu tätigen waren, kann heute schon eine Sackung alles verschüttet haben.
Da braucht es natürlich eine gute Karte: Blatt 1206 ‹Guggisberg› der Landeskarte 1:25000. Die bernsteinführenden Schichten liegen im Gebiet Plaffeien – Plasselb – Aergera – Schweinsberg (Schwyberg) – Zollhaus hauptsächlich in Lagen zwischen 1000 und 1500 m ü.M. Begleitet sind die bis mehrere Zentimeter messenden Harzeinschlüsse – von den Geologen nach der Hauptregion Plaffeiit genannt – durch Kohleschmitzen, also Überreste der einstigen Pflanzenwelt. Was sich heute in Steinbrüchen (zum Beispiel Zollhaus), an Straßenböschungen, Bachufern und Felsanrissen findet, wurde zur Zeit des Eozäns vor rund 50 Millionen Jahren im Flyschmeer abgelagert.
Beim Bernstein und den Pflanzenresten handelt es sich um Einschwemmungen aus dem nahen Festland, wo ein tropisches Klima mit Jahresdurchschnittstemperaturen um die 20 Grad (heute im Mittelland: 8 Grad) herrschte. Die üppige Vegetation bestand aus immergrünen Laubbäumen, Nadelhölzern und Palmen. Durch die alpine Gebirgsbildung sind die Flysch-Gesteine in ihre heutige Lage gebracht worden. In den Steinbrüchen von Zollhaus (Haltestelle der GFM-Autobuslinie Freiburg – Schwarzsee und Freiburg – Sangernboden) läßt sich gut erkennen, wie die einst waagrechten Schichten nun steilstehen.

Ein Meteoritenkrater im Jura?

Für einmal steht bei einer Exkursion nicht das Gesteinssammeln im Vordergrund. Unser Ziel liegt im Berner Jura wenig nordöstlich der Ortschaft St.-Imier (Bahnstation der Linie von Biel nach La Chaux-de-Fonds). Ein Blick auf die Karte (Blatt 1124 ‹Les Bois›, 1:25000) zeigt in der Südflanke der Sonnenbergkette eine halbkreisförmige Vertiefung. ‹Les Chenevières› heißt dieser Felszirkus, der die Verebnung des Champ Meusel hufeisenartig umschließt. Die ganze Region ist bewaldet; zwischen den dunklen Tannen leuchten die weißen Jurakalkfelsen der Chenevières-Steilabbrüche. Wie könnte diese ungewöhnliche Geländeform, die wie eine Wunde im langgestreckten Gebirgskörper aussieht, wohl entstanden sein?
Erste Spekulationen hielten die Vertiefung für ein Gletscherkar: Während der Eiszeit soll an dieser Stelle ein Jura-Lokalgletscher vom Sonnenberg (Mont Soleil) heruntergeflossen sein und dabei eine ausgeprägte Wanne geschaffen haben. Indessen vermochte diese Deutung nicht so recht zu überzeugen. Vor allem war nur schwer zu erklären, warum ein solches Kar ausgerechnet hier und sonst nirgendwo mehr im Jura zu finden sei. Eine andere Theorie – sie zählt noch immer ihre Anhänger – sieht in der Hohlform einen Einsturztrichter über einem einstigen Höhlensystem.
Manche Geologen meinen nun aber, beim Felszirkus von St.-Imier handle es sich um einen Meteoritenkrater. Vor – sehr grob geschätzt – rund 100000 Jahren sei eine Riesenbombe aus dem Weltall mit ungeheurer Gewalt an dieser Stelle niedergegangen und habe die auffällige Wunde am Sonnenberg geschlagen. Bei unserem Besuch können wir die Streitfrage natürlich nicht ent-

scheiden. Auch Reste des Meteoriten – nach Berechnungen dürfte er einen Durchmesser von etwa 50 Metern besessen haben – sind nicht mehr zu entdecken: Beim Aufprall mit einer Geschwindigkeit von 20 Kilometern in der Sekunde mußte alles Material, ob Stein oder Eisen, augenblicklich verdampfen.

Der mutmaßliche Meteoritenkrater am Sonnenberg (Mont Soleil) ob St-Imier im Berner Jura. Markiert die hufeisenförmige Narbe an der Bergflanke tatsächlich die Einschlagstelle einer Riesenbombe aus dem Weltall?

Die schönsten Findlinge

Was Findlinge sind – man nennt sie auch erratische Blöcke –, weiß heute jedes Schulkind: durch die Eiszeitgletscher aus den Alpen verschleppte Gesteinsbrocken. Noch zu Beginn des letzten Jahrhunderts konnten sich die Geologen nicht erklären, wie denn diese offensichtlichen Fremdlinge ins Mittelland und sogar in den Jura gelangt sein könnten. Allerhand phantasievolle Spekulationen machten die Runde. So dachten gewisse Gelehrte an gewaltige Schlammfluten, die plötzlich aus den Alpentälern hervorgebrochen seien, das Mittelland überzogen und dabei auch die Findlinge mitgespült hätten. Andere brachten sogar vulkanische Ausbrüche ins Spiel: Von der Kraft ungeheurer Gasexplosionen getrieben, sollten die tonnenschweren Gesteine Dutzende von Kilometern durch die Luft geflogen sein.

Nun, die richtige Erklärung – jene mit den Eiszeitgletschern nämlich – mutet auf den ersten Blick mindestens so aberwitzig an wie Schlammfluten und Vulkanausbrüche. Wer würde denn so ohne weiteres glauben, vor mehr als 10000 Jahren seien die Alpengletscher weit ins Mittelland vorgestoßen und hätten gewissermaßen als ‹Visitenkarten› die Findlinge zurückgelassen?
Doch die gründliche Abklärung der geologischen Gegebenheiten läßt keinen Raum für Zweifel. Nicht nur die großen erratischen Blöcke, sondern auch die Moränenwälle und Schotterfluren sind Andenken an den – übrigens mehrmaligen – Besuch der Eiszeitgletscher. Schaut man sich die Findlinge näher an, kann man sie aufgrund ihrer Herkunft bestimmten Gletschern zuordnen. Wer also im bernischen Seeland oder im Kanton Solothurn Gesteine aus dem südlichen Wallis antrifft (beste Beispiele dafür sind der Sausurit-Gabbro und der Montblanc-Granit), befindet sich ohne Zweifel im Verbreitungsgebiet des einstigen Rhonegletschers. Dieser gewaltige Eisstrom bog über dem Genfersee Richtung Osten ab und reichte bis in die Region von Wangen an der Aare, wo schöne Endmoränenwälle erhalten geblieben sind.
Bei Bern (genauer gesagt: an jener Stelle, wo wesentlich später die Bundesstadt entstehen sollte) mündete der Aaregletscher in den viel größeren Rhonegletscher. Zu seinen Leitgesteinen gehört die Niesenbrekzie, ein auffallendes Sediment mit eckig-hellen Komponenten in dunkler Grundmasse. Das Verbreitungsgebiet des ehemaligen Linthgletschers dagegen markieren rötliche Verrucano-Sandsteine und -Konglomerate, von den Anwohnern ‹Ackersteine› genannt. Diese klastischen Sedimente aus der Permzeit (vor 250 Millionen Jahren) bildeten sich unter wüstenhaften Trockenbedingungen und stammen aus dem Glarnerland.
Zu den Rheingletscher-Leitgesteinen schließlich gehören derart viele verschiedene Typen, daß deren Kenntnis beinahe ein Spezialstudium erfordert. Das Einzugsgebiet umfaßt ja auch große Teile des geologisch so reichhaltigen Kantons Graubünden. In seiner ‹Geologie der Schweiz› zählt Prof. Albert Heim nicht weniger als 18 typische Gesteinsarten auf, die der eiszeitliche Rheingletscher ins Vorland getragen hat. Darunter finden sich hauptsächlich magmatische Gesteine wie die grünen Julier- und Albula-Granite sowie die weißlichen

Punteglias-Granite aus dem Vorderrheintal mit ihren großen Feldspäten, ferner metamorphe Gesteine wie die Adulagneise und die dunklen Gabbros aus dem Oberhalbstein, während charakteristische Sedimente seltener sind.

Exkursionen zu ausgewählten Findlingen

Den Geologen verraten die Findlinge manches über Eiszeit- und Gletschergeschichte, den Gesteinsfreunden ersparen sie manche Reise in ferne Alpentäler... und den Baumeistern des letzten Jahrhunderts lieferten sie willkommenes Rohmaterial im Bauboom des einsetzenden Industriezeitalters. Tatsächlich begannen um 1850 die größten und schönsten erratischen Blöcke aus der Landschaft zu verschwinden. Sie wurden in handliche Stücke gesprengt und zerklopft, bis die Naturforscher ihre Stimme gegen solches Treiben erhoben. Schließlich begann man, ausgewählte Stücke unter Schutz zu stellen: Dies war die Geburtsstunde des Naturschutzes in der Schweiz. Unsere erste Exkursion führt an die Wiege dieser Bewegung, gleichzeitig auch die Wiege der Eiszeitlehre. Es handelt sich um die Riesenblöcke von Monthey im Unterwallis, denen

Die Menhire von Corcelles bei Concise am Nordufer des Neuenburgersees (Kanton Waadt). Welches war wohl die Bedeutung dieser steinzeitlichen Kultstätten? Die Gesteine sind Findlinge aus dem Wallis, vom Rhonegletscher hergetragen.

mit dem Pierre des Marmettes auch der größte eiszeitliche Findling der Schweiz überhaupt angehört.
Während die Riesenblock-Kollektion um Monthey, alles Montblanc-Granite, noch in den Alpen selber liegt, befinden sich die übrigen der näher vorgestellten Erratiker im Mittelland. Manche von ihnen haben neben ihrer geologischen auch kulturgeschichtliche Bedeutung. Trotz der Zerstörungsaktion im letzten Jahrhundert sind in der Schweiz noch recht viele Findlinge erhalten geblieben. Weitere kamen bei Bauarbeiten zum Vorschein – heute wirkt sich die Bauindustrie für das Findlingswesen durchaus förderlich aus.
Interessant auch, sich auf eigene Faust als Findlingsforscher zu betätigen. Größere Blöcke sind auf den Landeskarten 1:25000 eingetragen, oft mit der Bezeichnung ‹err. Bl.› versehen. Kulturgeschichtliche Informationen, so vorhanden, liefert die heimatkundliche Literatur. Und was das Gesteinsbestimmen angeht, finden sich die benötigten Angaben ja in diesem Führer.

Die Riesenblöcke von Monthey

Vor dem Spital des Unterwalliser Industrieortes Monthey – es liegt am linken Rhonetalhang an Straße und Bahnlinie ins Val d'Illiez – steht der Pierre des Marmettes, der größte eiszeitliche Findlingsblock der Schweiz mit 1824 Kubikmetern Inhalt. Er besteht aus körnigem Montblanc-Granit und dürfte um die

Der Pierre des Marmettes besteht aus Montblanc-Granit und ist mit 1824 Kubikmetern Rauminhalt größter Findling der Schweiz. Er steht vor dem Regionalspital Monthey im Unterwallis.

5000 Tonnen wiegen. Im Jahre 1908 wurde dieser außergewöhnliche Findling von der Schweizerischen Naturforschenden Gesellschaft (SNG) zu Eigentum erworben und unter Schutz gestellt. Eine Treppe führt hinauf, und oben, wo man einen prächtigen Rundblick genießt, steht ein Pavillon.
Der Pierre des Marmettes stammt nicht vom Montblanc selber, sondern aus dem Val Ferret oder dem Val d'Entremont im Süden von Martigny. Dort greift das Verbreitungsgebiet des Montblanc-Granites von Südwesten her auf Schweizer Gebiet über. Lokalgletscher der letzten Eiszeit (der Würmeiszeit, welche vor rund 10000 Jahren zu Ende ging) führten den Block, zusammen mit anderen Findlingen aus gleichem Gestein, zum Rhonegletscher im Haupttal, welcher den Blockschwarm beim Abschmelzen dann in der Region von Monthey liegenließ.
Der Gesteinsuntergrund besteht hier aus gelblichen Kalken der Kreidezeit, Meeresablagerungen aus dem Erdmittelalter. Sie sind in mehreren Steinbrüchen an der Talflanke aufgeschlossen. Darüber liegt die linke Seitenmoräne des eiszeitlichen Rhonegletschers mit den Findlingen aus Montblanc-Granit. Daß es sich dabei um Fremdlinge handeln mußte, fiel bereits den Geologen im

Wenige Meter vom Pierre des Marmettes entfernt findet sich der Pierre à Dzo, ein aus zwei Blöcken bestehendes Naturdenkmal. Es handelt sich ebenfalls um Montblanc-Granite, vom Rhonegletscher herantransportiert.

Der Gesteinsuntergrund bei Monthey besteht aus gelblichen Kalken der Kreidezeit. Kein Wunder, fielen hier die erratischen Blöcke als ‹Fremdlinge› schon früh auf.

frühen 19. Jahrhundert auf. Sie fragten sich, wie die Granitblöcke wohl an eine Stelle gelangt sein könnten, wo der Gesteinsgrund nicht selber aus Granit, sondern eben aus Kreidekalk besteht.

Die Antwort darauf, von manchen Fachkollegen zuerst mit Mißtrauen aufgenommen: Früher hatte ein Klimasturz die Gletscher wachsen lassen, auf deren Rücken dann Gesteine über mehr oder weniger große Strecken transportiert worden waren. Diese Einsicht, in der Gegend von Monthey durch den Walliser Jean-Pierre Perraudin (kein Berufsgeologe, sondern Gemsjäger) und den Waadtländer Jean de Charpentier (Direktor des Salzbergwerkes Bex) gewonnen, wurde vom Neuenburger Louis Agassiz zur Eiszeittheorie ausformuliert und 1837 der verblüfften Fachwelt vorgestellt.

Längs der linken Rhonetalflanke liegen zwischen Monthey und Collombey weitere stattliche Findlige aus Montblanc-Granit. Sie sind auf der Landeskarte 1:25000, Blatt 1284 ‹Monthey›, eingetragen. Die größeren von ihnen stehen unter Naturschutz. Der ganze Schwarm von Riesenblöcken ist überdies ins Bundesinventar der Landschaften und Naturdenkmäler von nationaler Bedeutung (BLN) aufgenommen worden.

Katzenstein und Luegibodenblock im Berner Oberland

Nicht allein die Geologen, sondern auch die ansässigen Bauern haben sich mit den Findlingen befaßt. Etliche erratische Blöcke spielen in der Volkskunde als sogenannte ‹Kindlisteine› eine große Rolle. Mancherorts, so erzählte man sich, brachte nämlich nicht der Storch die kleinen Kinder; vielmehr wurden die Neugeborenen zu nächtlicher Stunde unter einem besonders großen Findling hervorgegraben.

Ein solcher weitherum bekannter Kindlistein ist der mächtige Block aus feinkörnigem, teilweise verschiefertem Granit im Rebberg von Spiez. Er heißt, aus welchen Gründen auch immer, im Volksmund Katzenstein und stammt aus der Gegend von Innertkirchen im Haslital. Durch den eiszeitlichen Aaregletscher ist er nach Spiez verfrachtet worden. Heute steht er unter Naturschutz.

Vom Spiezer Katzenstein ist es nicht viel mehr als ein Katzensprung zum Luegibodenblock im Lombachtal bei Habkern. Von Unterseen bei Interlaken führt ein Wanderweg in etwa anderthalb Stunden zu dieser geologischen Kuriosität (Koordinaten 633.100/174.450, Landeskarte 1:25000, Blatt 1208 ‹Beatenberg›).

Der Luegibodenblock besteht aus Habkerngranit, einer auffallenden Gesteinsart, die in den Alpen nirgendwo in zusammenhängendem Verband ansteht. Einzig Schollen und Blöcke davon finden sich eingelagert in bestimmten Flyschgesteinen (Wildflysch) nahe des nördlichen Alpenrandes. Offenbar hatte der Habkerngranit zu einem Granitmassiv gehört, das nach einer frühen Phase der Alpenbildung abgetragen wurde; einzelne Blöcke gelangten ins Flyschmeer und wurden im Sediment eingebettet. Beim Luegibodenblock handelt es sich also nicht um einen Eiszeitfindling (auch wenn nicht ausgeschlossen ist, daß ein Lokalgletscher den Block ein Stück weit transportiert hat), sondern um einen ‹exotischen Granit› im Wildflysch der Habkernmulde.

Der Habkerngranit, von dem sich im Habkerntal noch weitere Blöcke finden, ist ein grobkörniger Granit von rötlicher Farbe, hervorgerufen durch fleischrote Feldspäte. Die glänzenden Quarzkörner spiegeln ins Gelbliche bis Grünliche und werden als Ölquarze bezeichnet. Beschaffenheit und Färbung machten den Habkerngranit des Luegibodenblocks im letzten Jahrhundert zum begehrten Zierstein. Ein Teil davon gelangte 1852 als Geschenk der Eidgenossenschaft nach Washington in die USA, wo er zum Bau des Washington-Monuments diente.

Um einen weiteren Gesteinsabbau – und damit die Zerstörung dieses geologischen Naturdenkmales – zu verhindern, kaufte die Naturforschende Gesellschaft Bern 1868 den Luegibodenblock dem Grundeigentümer ab und schenkte ihn dem Naturhistorischen Museum Bern. Dies war die Geburtsstunde des Naturschutzes im Bernerland sowie eine der ersten naturschützerischen Taten in der Schweiz überhaupt.

Trotz der Gesteinsentnahme für das Washington-Monument imponiert der Luegibodenblock noch immer durch seine Ausmaße. Ein Teil steckt im Boden, so daß sich sein Gesamtvolumen nur schätzen läßt. Im Geologischen Führer der Schweiz von 1934 wird als Maximum die Zahl von 13000 Kubikmetern angegeben. Jedenfalls ist der exotische Granitblock im Habkerntal einiges

Nach weiter Reise auf dem Rücken des Rhonegletschers ist dieser Findling aus der Region Zermatt – Saas Fee im Berner Jura auf dem Montagne du Droit zur Ruhe gekommen. Er liegt auf 900 mü.M. – so hoch reichte hier das Eis.

größer als die größten Eiszeitfindlinge, der Pierre des Marmettes ob Monthey im Unterwallis mit rund 1800 und die Große Fluh im solothurnischen Steinhof mit 1200 Kubikmetern.

Walliser Gesteine am Jurafuß und im Jura

Der eiszeitliche Rhonegletscher hat nicht nur weite Teile des westlichen und zentralen Mittellandes bedeckt, sondern ist auch ins Juragebirge vorgestoßen. Hier die Lage einiger bemerkenswerter Gesteine aus dem Wallis am Jurafuß und im Jura selber.
Auf dem Jolimont, einem bewaldeten Hügel aus Molassesandstein zwischen Neuenburgersee und Bielersee, befindet sich die ‹Teufelsbürde›, eine aus fünf Findlingen bestehende Blockgruppe von metamorph überprägtem Hornblende-Granit, deren Herkunft die südlichen Seitentäler des Wallis sind (Arolla-Serie der Dent-Blanche-Decke). Der Name Teufelsbürde weist wahrscheinlich auf eine Sage hin, die auch im Zusammenhang mit anderen Findlingen zu hören ist. Danach habe Satan die Gesteine herbeigeschafft, um damit einen

Bei Tavannes befindet sich das Felsentor der Pierre Pertuis, von römischen Straßenbauern in den harten Jurakalk gehauen.

ihm mißliebigen Kirchenbau zu zerstören – ein Vorhaben, das durch die Schlauheit der Anwohner auf diese oder jene Weise verhindert werden konnte. Von Erlach oder Gampelen (Bahnlinie Bern – Neuenburg) aus ist die imposante Teufelsbürde in einer Stunde zu erreichen (Landeskarte 1:25000, Blatt 1145 ‹Bieler See›, Koordinaten 572.250/209.350).

Im Tal der Suze (Vallon de St-Imier) und sogar auf der zweiten Jurakette (Sonnenberg – Montagne du Droit) liegen gar nicht selten erratische Blöcke aus dem Wallis, auch sie vom eiszeitlichen Rhonegletscher hergetragen. Unentbehrliche Begleiterin auf eine Exkursion in diese Juralandschaft ist Blatt 1125 ‹Chasseral› der Landeskarte 1:25000. In Cortébert (Station der Bahnlinie Biel – La Chaux de Fonds) zieren zwei Hornblende-Gneise der Arolla-Serie das Suze-Nordufer (Koordinaten 574.650/226.650). Auch das Dorf drei Kilometer weiter östlich, Corgémont, kann mit einem gediegenen Findling aufwarten, einem Allalin-Gabbro aus der Herkunftsregion Zermatt – Saas Fee. Dieses Tiefengestein liegt heute am Hang nördlich der Ortschaft in der Pâturage du Droit (Koordinaten 577.800/227.800). Wer von hier in östlicher Richtung durch den Forêt du Droit gegen den Montagne du Droit aufsteigt, trifft auf der 900-Meter-Höhenlinie bei den Koordinaten 580.100/228.200 ein dunkles, metamorphes Granat-Hornblendegestein aus der Gegend von Zermatt – Saas Fee, einen Eklogit. Zwei weitere geologische Sehenswürdigkeiten, die freilich direkt nichts mit der Eiszeit zu tun haben, befinden sich nun in unmittelbarer Nähe, nämlich zwei Kilometer in nordöstlicher Richtung: das von den Römern in den harten Jurakalk gehauene Felsentor der Pierre Pertuis sowie gleich dahinter die Birsquelle (Source de la Birse) unweit Tavannes (Bahnstation der Linie Moutier – Biel).

Findlingsreservat Steinhof im Kanton Solothurn

Wie schlafende Ungetüme aus der Urzeit liegen sie da, auf aussichtsreicher Höhe eine Wanderstunde im Süden von Herzogenbuchsee (Schnellzugshalt der Linie Zürich – Bern). Hier im Findlingsreservat Steinhof befinden wir uns auf einer solothurnischen Gebietsinsel (Exklave) im Bernerland – und gleichzeitig in einem Stück heiler Welt. Auch wenn es nicht die größten Findlinge des Mittellandes zu bestaunen gäbe, würde sich der Ausflug wohl lohnen: Schmucke Bauernhäuser und ein putziges Kirchlein strahlen ländliche Ruhe aus, und bei klarem Wetter reicht der Rundblick von der nahen Jura- bis zur fernen Alpenkette.

Die solothurnische Gemeinde Steinhof unweit Herzogenbuchsee beherbergt die imposantesten Findlinge im Mittelland. Auch sie stammen aus dem Wallis und sind Andenken an die Anwesenheit des eiszeitlichen Rhonegletschers.

Die ‹Große Fluh› auf aussichtsreicher Höhe bei Steinhof wird von Kletterern gerne zum Training benutzt. Früher hielten die Einheimischen diesen Findling für einen ‹Kindlistein›.

Vor mehr als 10000 Jahren war das fruchtbare Bauernland von der Eiszunge des Rhonegletschers bedeckt. Als das Klima wärmer wurde, blieb eine Gruppe mächtiger Findlingsblöcke auf dem Plateau von Steinhof als Andenken an die Eiszeit zurück. Es handelt sich um Hornblendegneise und Chloritschiefer aus den südlichen Walliser Seitentälern. Acht Meter hoch und 3500 Tonnen schwer ist die Große Fluh bei einem Rauminhalt von 1200 Kubikmetern, ein beliebtes Übungsprojekt für Sportkletterer.
Die einheimische Bevölkerung sieht – oder sah – in der Großen Fluh einen Säuglingslieferanten, also einen Kindlistein. «Bestellt» wurde der Nachwuchs bei der benachbarten Kilchlifluh, indem die Frauen mit Kinderwunsch nächtlicherweise über deren schiefe Fläche herunterrutschten. Gut denkbar, daß solcher Volksglaube die Riesenfindlinge vor der Zerstörung bewahren half. Heute stehen sie unter Naturschutz.
Ein weiteres Andenken an die Eiszeit ist der Burgäschisee am westlichen Fuß des Hügels von Steinhof. Hier war nach dem Gletscherrückzug eine Linse von Toteis liegengeblieben. Nachdem auch sie abgeschmolzen war, entstand eine Senke, in der sich das Seewasser sammeln konnte. Während der Jungsteinzeit waren die Ufer des Burgäschisees durch Pfahlbauer besiedelt. Unweit des heutigen Strandbades – wer die Exkursion im Sommer unternimmt, ist zur

Erfrischung eingeladen – kamen Überreste ihrer Wohnstätten zum Vorschein (Landeskarte 1:25000, Blatt 1127 «Solothurn»).

Pfluegstein von Erlenbach und Schalenstein von Wetzwil

Die Gemeinde Herrliberg am Nordufer des Zürichsees, also an der ‹Goldküste› gelegen, ist vom eiszeitlichen Linthgletscher mit einer besonderen Hinterlassenschaft bedacht worden. Es handelt sich um zwei Findlingsblöcke aus dem Glarnerland, die das Maß des Üblichen sprengen.
Einer davon ist der Pfluegstein in Erlenbach, an der gleichnamigen Straße gelegen. Dieser Brocken von immerhin 1000 Kubikmetern Inhalt ist ein Spilit, das heißt, er stammt aus einem Lavaerguß der Permzeit vor rund 250 Millionen Jahren. Damals, am Ende des Erdaltertums, war das heutige Glarnerland von einer Wüste bedeckt, deren rostrote Trümmersedimente durch einzelne Vulkane überragt wurden. Sie sind natürlich von der Verwitterung abgetragen. Nur noch einzelne Vorkommen vulkanischer Gesteine erinnern an jene fernen Zeiten. Und dank des Linthgletschers haben nun auch die Zürcher ein Andenken an den permischen Vulkanismus erhalten.
Die Wüstenbildungen der Permzeit im Glarnerland faßt man unter der Bezeichnung Verrucano zusammen. Darunter fallen meist rotgefärbte Sandsteine,

Der Schalenstein von Wetzwil, heute beim Landesmuseum in Zürich zu besichtigen. Von Menschenhand angebrachte Vertiefungen machen diesen Findling zum ‹Notizblock der Urzeit›.

Brekzien und auch Konglomerate. Der Rundungsgrad der Gesteinskomponenten in den Brekzien und Konglomeraten bestimmt sich nach der Transportdistanz. Unter wüstenhaften Klimaverhältnissen, wo lange Trockenzeiten von plötzlichen Sturzregen unterbrochen werden, entstehen häufig Gesteinsschuttfächer mit schlechtsortierten und nur unvollkommen gerundeten Komponenten. Man hat für diese Bildungen den Ausdruck Fanglomerate (Fächersedimente) geprägt. In der Schweiz finden sich unter den permischen Verrucano-Gesteinen – neben den weitverbreiteten roten Sandsteinen – die schönsten Fanglomerate. Sandsteine wie Fanglomerate zählen zu den Leitgesteinen des eiszeitlichen Linthgletschers und werden als Findlinge von der Bevölkerung im Verbreitungsgebiet Ackersteine genannt. In Zürich-Höngg etwa gibt es ein ‹Haus zum roten Ackerstein›.
Ein Ackerstein besonderer Art lag früher beim Weiler Wetzwil, ebenfalls in der Gemeinde Herrliberg. Heute hat er einen Ehrenplatz hinter dem Westtrakt des Landesmuseums in Zürich erhalten. Warum diese Ehre für einen Findling aus dem Glarnerland von 110 Zentimetern Länge, 70 Zentimetern Breite und 45 Zentimetern Höhe? Nun, die in seine ziemlich glatte Oberfläche eingekerbten 13 Schalen haben die Aufmerksamkeit der Wissenschaft auf den erratischen Block von Wetzwil gelenkt. Die größte dieser napfförmigen Vertiefungen besitzt einen Durchmesser von gerade zehn Zentimetern. Welche Rolle könnten die Schalen gespielt haben?
Schon lange vor Erfindung der Schrift zeichneten die Menschen ihre Beobachtungen auf. In der papierlosen Steinzeit benutzten sie jenes Material, das ihrer Epoche den Namen gegeben hat: solide Steinoberflächen. Einige dieser Einkerbungen sind uns erhalten geblieben. Die Deutung der Schalen ist nicht ganz einfach, dürfte aber mit Geographie und Astronomie zusammenhängen: Wenn man in einzelne Schalen Steine legte, entstanden Visierlinien, mit denen die Steinzeitleute die Haupthimmelsrichtungen sowie wichtige astronomisch-kalendarische Horizontpunkte anvisieren konnten (beispielsweise Sonnenauf- und -untergang am längsten beziehungsweise kürzesten Tag des Jahres sowie an den Tagundnachtgleichen). Nach Meinung von Fachleuten dürfte dieses ebenso einfache wie wirkungsvolle Stein-Observatorium von Wetzwil vor rund 5000 Jahren in Betrieb gestanden haben.

Geologische Natursehenswürdigkeiten

Zu den interessantesten Ausflugszielen in der Schweiz gehören geologische Natursehenswürdigkeiten: Wasserfälle, Schluchten, Gletscher, Erdpyramiden, Höhlen, Bergsturzgebiete. Alle sind im Wechselspiel von Wasser und Gestein entstanden – und gewähren Einblicke in Aufbau und Erdgeschichte unseres Landes.

Wechselspiel von Wasser und Gestein: Wie ist das wohl zu verstehen? Schauen wir einige Beispiele an, zuerst kurz in der Theorie, dann – als Exkursionsvorschläge – in der Natur selber.
Bei den Wasserfällen ist der Fall ja wohl klar. Hier stürzt sich ein Fließgewässer, Bach oder Fluß, über eine Felskante in die Tiefe. Oft entstand das Gefälle in der Eiszeit, als die Häupttäler der Alpen durch Gletscher übertieft wurden. Seither münden die Nebentäler mit einer Steilstufe ein, über welche sich das Wasser im Sturz ergießt. Noch im letzten Jahrhundert gab es einige Wasserfälle mehr als heute. Sie fielen der Elektrizitätsgewinnung zum Opfer. Die verbleibenden zählen zu den schönsten Natursehenswürdigkeiten der Schweiz.
Schluchten künden davon, daß Wasser härter ist als Gestein – sofern man ihm genügend Zeit läßt. Freilich braucht es gar keine Jahrmillionen, sondern ‹nur› Jahrtausende, um Schluchten wie die Viamala in Graubünden oder die Aareschlucht im Berner Oberland (200 Meter hoch, 1400 Meter lang) zu schaffen: Alle Schluchten sind erdgeschichtlich verhältnismäßig junge Bildungen, jedenfalls wesentlich jünger als das Gestein, in welches sich das Wasser eingefressen hat. Innig verbinden sich Wasser und Gestein bei den Gletschern. Eis ist ja nichts anderes als gefrorenes Wasser – und gilt gleichzeitig auch als Gestein. Über die Transportleistungen der eiszeitlichen Gletscher war im Kapitel über die Findlingsblöcke ausführlich die Rede.
Erdpyramiden verdanken ihre Entstehung einerseits der Eiszeit (denn sie bestehen aus Moränenmaterial), zum anderen aber der Erosionstätigkeit fließenden Wassers. Unser Ausflug ins Val Sinestra will zeigen, wie solche Gebilde entstehen... und warum Erdpyramiden so kurzlebig sind.
Höhlen kommen – jedenfalls im Gebiet der Schweiz – praktisch nur in Kalkgestein vor: dort, wo zirkulierendes Wasser das Kalkgestein chemisch aufgelöst und auf diese Weise Hohlräume von oft beträchtlicher Ausdehnung geschaffen hat.
Und die Bergsturzgebiete? Nun, auffälligerweise ereigneten sich die meisten Bergstürze der historischen Zeit (etwa Goldau im Kanton Schwyz 1806 oder Elm im Glarnerland 1881) im September nach regenreichen Sommerwochen. Wie Geologen ermittelten, war Sickerwasser in den Untergrund gedrungen und hatte den Gesteinszusammenhalt gelockert. Am Rossberg über Goldau verwandelten außerdem die Niederschläge eine Mergelschicht in eine wahre Rutschbahn, auf welcher dann 40 Millionen Kubikmeter Nagelfluhgestein niedergehen und das Dorf mit 457 Einwohnern verschütten konnten.

Der Rheinfall bei Neuhausen

Nicht einen alpinen Wasserfall – etwa den Staubbachfall im Lauterbrunnental (Berner Oberland) mit seiner Europarekord-Fallhöhe von 300 Metern – möchten wir näher vorstellen, sondern den Rheinfall bei Neuhausen in der Nordschweiz. Auch er kann einen Rekord verbuchen – als wasserreichster Fall des europäischen Festlandes. Nur Gullfoss und Dettifoss im fernen Island sind noch mächtiger. Beim Rheinfall beträgt die Sturzhöhe 21 Meter und die maximale Wasserführung (im Frühsommer nach der Schneeschmelze in den Bergen) gut 1000 Kubikmeter pro Sekunde: ein imposantes Naturschauspiel für Augen und Ohren. Bei Niedrigwasser im Winter hingegen rinnen nur wenig mehr als 100 Kubikmeter in der Sekunde über die 150 Meter breite Kalkkante. Wie konnte zwischen Neuhausen auf dem Nordufer (Kanton Schaffhausen) und Laufen auf dem Südufer (Kanton Zürich) ein solcher Wasserfall entstehen? Wie bei manchen anderen geologischen Natursehenswürdigkeiten hat auch hier die Eiszeit mitgewirkt. Vor dem letzten großen Vorstoß tiefte der Rhein sein Flußbett in die Oberfläche aus Jurakalk ein. Während der Eiszeit dann wurde diese Rinne mit Gesteinsschutt aufgefüllt. Später, nachdem der Rheingletscher zurückgeschmolzen war, wählte der Fluß oberhalb des Rheinfalles

Diese Skizze zeigt den alten und den aktuellen Rheinlauf in der Region Schaffhausen-Neuhausen: Als Rheinfall stürzt der Fluß in sein einstiges Bett.

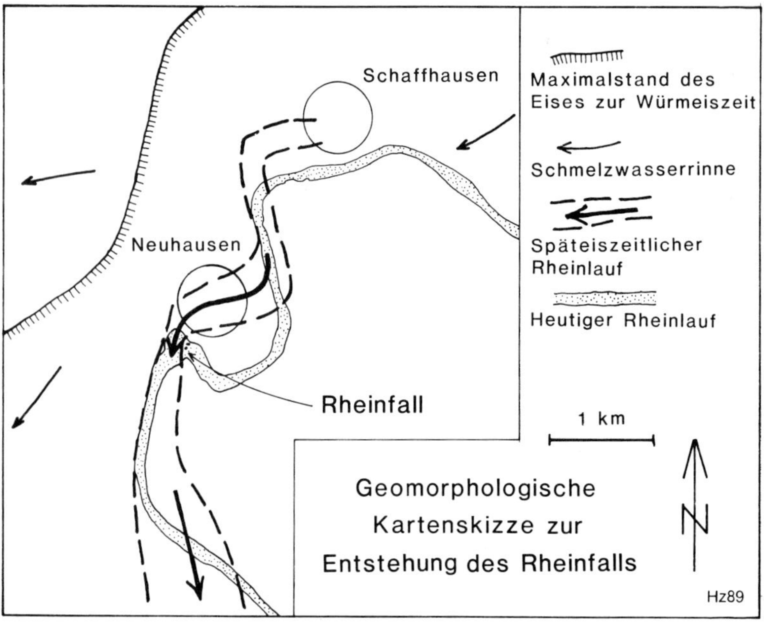

Bereits im letzten Jahrhundert entwickelte sich der Rheinfall zur Touristenattraktion. Romantische Gemüter warteten eine Vollmondnacht ab, um das Naturschauspiel voll auskosten zu können.

ein neues Bett. Dort, wo er auf die alte Rinne traf, räumte er ohne große Mühe die lockere Gesteinsfüllung aus. Auf diese Weise entstand ein Höhenunterschied von 21 Metern – die Voraussetzung zur Bildung eines Wasserfalles. Bei Neuhausen stürzt der Rhein also seitlich in seine voreiszeitlich geschaffene Rinne.

Zum Ausgangspunkt für einen Besuch wählt man am besten die Stadt Schaffhausen. Stadtbummel flußabwärts Richtung Neuhausen, dann auf dem Fußgängersteg neben der Eisenbahnbrücke kurz oberhalb des Falles auf das Südufer wechseln. Hier hat man vom Schloß Laufen aus den besten Überblick. Beim Schloß selber gibt es eine Bahnhaltestelle zur Rückfahrt nach Schaffhausen oder zur Weiterfahrt Richtung Winterthur.

Weitere sehenswerte Wasserfälle:

- Berner Oberland: die Giessbachfälle am Brienzersee, die Reichenbachfälle bei Meiringen, Staubbachfall und Trümmelbachfälle im Lauterbrunnental, Simmenfälle in der Lenk.
- Wallis: Pissevache bei Vernayaz unweit Martigny, Cascade de Giétroz bei Finhaut.
- Jura: Saut du Doubs bei Les Brenets im Neuenburger Jura.

- Ostschweiz: Leuenfall bei Weissbad, Appenzell-Innerrhoden.
- Graubünden: Bärentritt in der Zügenschlucht bei Davos (am Gesteinslehrpfad beim Bergbaumuseum Schmelzboden), Buffalorafall bei Soazza im Misox.
- Tessin: Froda bei Foroglio im Bavonatal (Fortsetzung des Maggiatals).

Vorderrheinschlucht/Flimser Bergsturz

Ein kombinierter geologischer Leckerbissen ist die Schlucht des Vorderrheins zwischen Ilanz und Reichenau/Tamins im Bündnerland. Hier hat sich der junge Rhein eine Schlucht durch die Trümmermassen des größten Bergsturzes auf Schweizerboden geschaffen. Die Naturkatastrophe ereignete sich glücklicherweise in vorgeschichtlicher Zeit, als die Gegend noch nicht oder nur sehr dünn besiedelt war. Gegen Ende der letzten Eiszeit brachen von Norden her 15 Milliarden Kubikmeter Kalkgestein ins eben eisfrei gewordene Vorderrheintal herunter. Das eigene Gewicht preßte die feinzerriebenen Gesteinstrümmer zu einer zwar kompakten, aber gegen Verwitterung doch wenig widerstandsfähigen Masse zusammen. Daher hat die Erosion an den Seiten der Schlucht

Die Vorderrheinschlucht im Bündnerland. In die weichen Sturzmassen des Flimser Bergsturzes hat die Erosion durch fließendes Wasser tiefe Furchen gekerbt.

Friedlich grast ein Kuh im Sturzgebiet des prähistorischen Flimser Bergsturzes, wo 15 Milliarden Kubikmeter Kalkstein niedergegangen sind.

leichtes Spiel: In die grauen bis weißlichen Wände hat das Wasser bizarre Skulpturen gekerbt.
Einen ersten Eindruck von dieser urtümlichen Landschaft gewinnt man bei der Fahrt mit der Rhätischen Bahn von Chur Richtung Disentis (die Straße dagegen umfährt die Schlucht). Wandertip: Bei der Station Valendas-Sagogn aussteigen und flußabwärts in etwa einer Stunde zur nächsten Station Versam-Safien gehen. Wer gut zu Fuß ist, vier weitere Stunden Zeit hat und einen Aufstieg von 400 Metern – ebenso steil wie imposant durch die nördliche Schluchtwand – nicht scheut, kann die Tour bis nach Flims fortsetzen. Von dort mit Postauto nach Chur oder Ilanz (Landeskarte der Schweiz 1:25000, Blätter 1194 ‹Flims› und 1195 ‹Reichenau›).

Weitere sehenswerte Schluchten:
- Berner Oberland: Aareschlucht zwischen Innertkirchen und Meiringen, Rosenlauischlucht bei Meiringen, Gletscherschlucht des Unteren Grindelwaldgletschers bei Grindelwald.
- Jura: Verschiedene schluchtartige Quertäler (Klusen) sowie – zwar keine echte Schlucht, aber dennoch eindrücklich – der Felsenzirkus des Creux du Van im Val de Travers im Neuenburger Jura.

- Ostschweiz: Taminaschlucht bei Pfäfers im Sankt Galler Rheintal, mit heißer Heilquelle und historischem Bäderhaus.
- Graubünden: Viamala bei Thusis (Hinterrhein, mit kulturgeschichtlichem Lehrpfad), Zügenschlucht bei Davos (mit Gesteinslehrpfad beim Bergbaumuseum Schmelzboden).

Die Bergstürze von Kandersteg

An der westlichen Flanke des Kandertals im Berner Oberland, unmittelbar neben dem Bahnhof Kandersteg, fallen Anrisse eines hellen Lockergesteins auf. Es sind dies Trümmer eines vorgeschichtlichen Bergsturzes, der sich vor etlichen tausend Jahren am Fisistock gelöst hatte und in das noch unbewohnte Tal niedergedonnert war. Die Gesteinstrümmermasse bildete eine Barriere von 200 Metern Höhe und staute die Kander zu einem See auf. Heute ist dieser See aufgefüllt; seine Sedimente bilden den Baugrund des Kurortes Kandersteg.
Erst seit kurzem weiß man, daß der Fisistock-Sturz keineswegs der einzige war. Nicht ein Berufsgeologe, sondern ein naturbegeisterter Gymnasiast hat in Freizeitarbeit die Spuren von vier weiteren Bergstürzen ausgemacht. Die Ab-

Ein junger Amateurgeologe hat die Geschichte der verschiedenen Bergstürze von Kandersteg erforscht.

Bergsturzforschung ist Detektivarbeit. Wichtige Hinweise auf Herkunftsgebiete liefern auffällige Gesteine wie dieser Bänderkalk; man nennt sie Leitgesteine.

grenzung der Sturzgebiete läßt sich anhand auffälliger Gesteine – etwa eines Bänderkalkes – vornehmen. Touristisch sind die Bergstürze deshalb interessant, weil sie zur Bildung des Blausees führten, Juwel und Goldgrube in einem. Bis nach Frutigen, so fand der detektivisch ambitionierte Schüler heraus, sind einzelne Blöcke der Bergstürze vom Kandersteg gerollt. Hier (Frutigen ist Schnellzugsstation der Bern-Lötschberg-Simplon-Bahn BLS) beginnt denn auch unsere gemütliche Halbtagswanderung via Kandergrund (Blick hinauf zu den ehemaligen Kohleabbaustellen zu beiden Seiten hoch über dem Tal) und Blausee (Gelegenheit zur Bootsfahrt auf dem kristallklaren Gewässer mit anschließendem Forellenschmaus) hinauf nach Kandersteg (Landeskarte 1:25000, Blatt 1247 ‹Adelboden›).

Wer einen weiteren halben Tag einsetzen kann, besucht mit Vorteil noch das Gasterntal, den obersten, praktisch unberührten Abschnitt des Kandertals (Landeskarte Blatt 1267 ‹Gemmi›). Im Flußbett der ungezähmt dahinschäumenden Kander findet sich eine Palette der in der Region vorkommenden Gesteine, wobei vor allem die hellen Gasterngranite sowie graue Kalke aus dem Erdmittelalter (Mesozoikum) auffallen. Unvergeßlich die Gesteinsfalten

Eindrückliche Falte in den Sedimenten über dem Gasterntal im Berner Oberland. Sie befinden sich am Steilabbruch des nördlichen Talhanges kurz vor Beginn der Kanderschlucht.

am Steilabbruch des nördlichen Talhanges, unweit der Wirtschaft Waldhaus. Kräfte der alpinen Gebirgsbildung haben hier Sedimentschichten von mehreren Metern Mächtigkeit verbogen, als seien sie plastisches Material (was sie, unter gewaltigem Druck und erhöhter Temperatur, ja auch waren).

Weitere Bergsturzgebiete:
- Kanton Schwyz: Goldau 1806 (Nagelfluh).
- Glarnerland: Elm 1881 (Schiefer).
- Unterwallis: Derborence 1714 und 1749 (Kalke).

Die Höllgrotten bei Baar im Zugerland

Nichts gegen eine Expedition in den Bauch der Berge mit Seil, Stirnlampe und Notvorrat. Doch in einem populären Gesteinsführer, zu dessen Hauptzielgruppe Familien gehören, möchten wir lieber gutausgebaute und gutbeleuchtete Schauhöhlen empfehlen. Deren neun gibt es in der Schweiz, und alle liegen sie in Kalkgebieten – was Gesteinskundige nicht überraschen dürfte, da Kalk (chemisch Kalziumkarbonat) wasserlöslich ist und auf diese Weise Voraussetzungen zur Bildung von Hohlräumen in der Erdkruste schafft. Besuchen wir also eine solche unterirdische Wunderwelt aus Tropfsteinen, wo Stalaktiten von der Höhlendecke hängen und Stalagmiten ihnen vom Höhlenboden entgegenwachsen. Im Laufe der Zeit entstehen so durch Kalkausscheidungen die bizarrsten Gebilde, durch geringe Beimengungen von Eisen oder Mangan oft noch bunt gefärbt.

Als Exkursion wählen wir die Höllgrotten im Lorzentobel bei Baar, Kanton Zug. Sie sind zentral gelegen, leicht zugänglich und zählen bei Kennern zu den schönsten ihrer Gattung. Vom Bahnhof Baar (SBB-Linie Zürich – Zug – Luzern) ist der Höhleneingang auf lauschigem Wanderweg der Lorze entlang in einer Stunde bequem zu erreichen. Kalkhaltiges Sickerwasser hat in der einsamen Waldschlucht durch Sinterbildung (Ausfällung von zuvor gelöstem Kalk, wie dies auch bei der Absetzung des Quelltuffes geschieht) eine Reihe von

Die Höllgrotten bei Baar im Zugerland zählen zu den schönsten Schauhöhlen des Landes. Auflösung und Ausfällung von Kalk haben prächtige Tropfsteinbildungen geschaffen.

Die Grotten von Vallorbe im Waadtländer Jura sind erst seit einigen Jahren bekannt. Sinterbildungen wie diese hier regen die Phantasie der Besucherinnen und Besucher an.

Hohlräumen geschaffen. Sie sind anschließend durch den gleichen Prozeß mit prächtigen Tropfsteinen ausgekleidet worden.
Weshalb aber der Name ‹Höllgrotten› für solche märchenhaften Gebilde? Die Führung geht durch Traubengrotte, Nymphenquelle, Korallenschlucht, Zauberschloß und Nadelgrotte – alles andere als der Aufenthaltsort von Teufeln. Nun, ‹Höll› ist ein Dialektausdruck und heißt eigentlich ‹heel›, was ‹schlüpfrig› bedeutet. Gemeint sind damit die durch Bergfeuchtigkeit sich glitschig anfühlenden Felsen. Tatsächlich tropft es auf dem Rundgang durch das zweistöckig angelegte Höhlensystem oft von der Decke. Der einstige Höhlenbach ist abgeleitet worden und speist jetzt die Wasserversorgung der fernen Stadt Zürich.

Weitere Schauhöhlen:
- Hölloch im Muotatal, Kanton Schwyz.
- Kristallhöhle von Kobelwald, Kanton St. Gallen.
- Beatushöhlen am Thunersee, Berner Oberland.
- Höhlen von St-Léonard mit Höhlensee bei Sitten, Wallis.
- Grotte aux Fées (Feengrotte) bei St-Maurice, Wallis.
- Grotte de Milandre bei Boncourt und Grottes de Réclère, beide Kanton Jura.
- Grottes de Vallorbe im Waadtländer Jura.

Erdpyramiden im Val Sinestra, Engadin

Der Nationalpark im Unterengadin vermag nicht nur mit seiner Tier- und Pflanzenwelt zu beeindrucken. Auch gesteinsmäßig – etwa mit den schroffen Steilabstürzen der Unterengadiner Dolomiten – hat dieses Totalreservat einiges zu bieten. Unsere Exkursion führt für einmal freilich nicht in den Nationalpark, sondern wendet sich von Scuol/Schuls aus (Endstation der Rhätischen Bahn) gegen Norden. In der Abgeschiedenheit des waldreichen Val Sinestra warten da die schönsten Erdpyramiden auf Besuch.
Ein Postauto bringt uns auf schmalem, kurvenreichem Sträßchen zum Kurhaus Val Sinestra. Ungenutzt fließt die Heilquelle jetzt ins Freie: Als Kurort hat Bad Scuol dem weltabgeschiedenen Val Sinestra längst den Rang abgelaufen. Dem rauschenden Bergbach entlang folgen wir, zuweilen ordentlich steil ansteigend, einem Wanderweg zum Berggasthaus Zuort auf 1711 m ü.M. Unterwegs stellt das kundige Auge eine Reihe von Anrissen im rutschungsanfälligen Bündnerschiefer fest.
Zwei Blätter der Landeskarte 1:25000 begleiten uns, 1199 ‹Scuol› und 1179 ‹Samnaun›. Die Erdpyramiden im Val Sinestra sind nicht als solche bezeichnet,

Die Erdpyramiden im Val Sinestra unweit Scuol/Schuls im Unterengadin sind zwar weniger gut bekannt, aber mindestens ebenso besuchenswert wie jene von Euseigne im Mittelwallis.

Geologische Beobachtung auf dem Weg zu den Erdpyramiden im Val Sinestra: Bündnerschiefer mit Kleinfältelung.

was einerseits bedauert werden mag, zum andern aber dafür sorgt, daß diese diskreten Naturdenkmäler nicht überlaufen werden. 300 Meter östlich des Berggasthofes Zuort verzeichnet unsere Samnaun-Karte verschiedene Geländeanrisse sowie den Flurnamen ‹Cluchers›. Er bedeutet ‹Glockentürme› im einheimischen Rätoromanisch; gemeint sind damit nichts anderes als die Erdpyramiden.

Der Gesteinsuntergrund besteht aus Lockermaterial einer eiszeitlichen Moräne, durchsetzt – wie jede Moräne – mit Gesteinsblöcken. Niederschläge und rinnendes Wasser tragen nun die ungeschützten Teile der Moräne nach und nach ab, während jene Stellen, wo ein Gesteinsblock wie ein Hut das Wasser abhält, vor Erosion bewahrt bleiben. Auf diese Weise entstehen schlanke Säulen, jeweils von einem Stein gekrönt – so lange jedenfalls, bis dieser herunterfällt und den darunterliegenden Turm der Abtragung preisgibt.

Weitere Erdpyramiden gibt es im Wallis zu bestaunen. Die ‹Vorzeigestücke› stehen bei Euseigne südlich Sitten, während die Erdpyramiden von Staldenried südlich Visp zu den geologischen Geheimtips zählen.

Eben dem Tor des Rhonegletschers entsprungen, windet sich die junge Rhone durch den Talboden von Gletsch. So beginnt ihre 812 Kilometer lange Reise bis ins Mittelmeer.

Der Rhonegletscher im Oberwallis

Gletscher sind nicht allein geologische Sehenswürdigkeiten (wir wissen ja, Eis zählt zu den Gesteinen), sondern auch touristische Hauptattraktionen. Was wären denn die Schweizer Alpen ohne Gletscher und Firn? Wenig anderes als kahle Steinhaufen. Der am besten zugängliche Eisstrom des Landes ist der Rhonegletscher im Oberwallis, direkt an der Furkapaßstraße gelegen.
Mit seinen 10 Kilometern Länge und 17 Quadratkilometern Fläche steht der Rhonegletscher erst auf Platz zehn der alpinen Rangliste. Auch wenn er sich also nicht mit dem Spitzenreiter messen kann (der nahe Große Aletschgletscher bringt es auf 24 Kilometer Länge und 85 Quadratkilometer Oberfläche), wartet der Rhonegletscher dennoch mit einem anderen Rekord auf: Kein anderer unseres Landes ist derart gut erforscht.
Die ersten Wissenschaftler nahmen ihre Messungen vor mehr als 150 Jahren vor, als die Zunge des Rhonegletschers noch weit in den Talboden von Gletsch herunterreichte. Moränen aus dieser Zeit sind hinter dem Hotel zu sehen und bilden Teil eines kürzlich eröffneten Gletscherlehrpfades. Die allgemeine Erwärmung hat zu starkem Abschmelzen geführt, und heute endet der Gletscher mitten im Steilhang beim Furkapaß. Von der Straße aus ist zu beobachten, wie

Um 1800 reichte die Zunge des Rhonegletschers noch weit in den Talboden von Gletsch herunter (Stich oben). Das Bild unten zeigt sein heutiges Ende hoch oben in den Felsen am Furkapass.

die Rhone dem Gletschertor entspringt und ihre 812 Kilometer messende Reise zum Mittelmeer mit einem rasanten Sturz über blankpolierte Granitplatten beginnt. Unten im Talboden setzt sie ihren Lauf dann ruhiger in zahlreichen Schlingen (Mäandern) fort. Möge sie die kurze Freiheit genießen: Später wird sie die meiste Zeit zwischen Dämme eingezwängt bleiben.

Das Hochgebirgsklima mit seinen Temperaturextremen läßt die Wasserabgabe des Rhonegletschers stark schwanken. Am größten ist sie an heißen Hochsommernachmittagen. Dann kann man auch – aus sicherer Entfernung – am ehesten miterleben, wie einzelne Eistürme an der Gletscherfront unter ihrem eigenen Gewicht zusammenbrechen und in tausend Stücke zerbersten. Eine Oberwalliser Sage sieht im Gletschertor den Eingang zur Hölle. Nicht in der Hitze, sondern im kalten Eis müssen, so erzählt man sich, die armen Seelen hier für ihre Sünden büßen.

Freiwillig begeben wir uns, wenn auch nicht für ewige Zeiten, ins Innere des Rhonegletschers. Der Zugang für Touristen befindet sich beim Hotel Belvédère, wo eine künstliche Eisgrotte gähnt.

Eine ähnliche Grotte gibt es am Oberen Grindelwaldgletscher im Berner Oberland zu besuchen. Bei dieser Gelegenheit sei auch der Grindelwaldner Gesteinslehrpfad empfohlen, der vom Oberen Gletscher via Pfingstegg zur Schlucht des Unteren Gletschers führt.

Schweizer Bodenschätze warten auf Besuch

Unser Land ist reich an Bodenschätzen. Da finden sich Eisen und Kupfer, Blei und Zink, Mangan und Wolfram, Kohle und Erdgas, Gips und Kalk... nicht zu vergessen die reichen Vorkommen an Kies und Sand. Selbst das Edelmetall Gold ist an verschiedenen Stellen zu entdecken. Und was Salz angeht, kann sich die Schweiz noch viele Jahrhunderte lang selber versorgen. Während der klassische Bergbau auf Erz und Kohle heute seine Bedeutung eingebüßt hat, ist das Publikumsinteresse an mineralischen Rohstoffen gestiegen: Die Beschäftigung mit den Bodenschätzen und ihrer Geschichte gilt als bereicherndes Hobby.

Hierzulande ist der Bergbau wesentlich älter als die Eidgenossenschaft. Bereits vor 5000 Jahren gruben Jäger der Jungsteinzeit in der Gemeinde Pleigne (JU) nach dem begehrten Feuerstein. Auch die Gewinnung von Erz kann auf eine reiche Tradition zurückblicken: Bei Goppenstein (VS) dürften keltische Bergleute schon im 3. Jahrhundert v.Chr. Blei gefördert haben. ‹Loudio› ist das altkeltische Wort für Blei, und davon leitet sich sowohl der Name Lötschental wie auch die Flußbezeichnung Lonza her.
Bis in die Neuzeit freilich blieb der Bergbau eher eine gewerbliche als eine industrielle Angelegenheit. Die Stollen reichten nur wenig weit in den Berg hinein, und spezielle Maßnahmen zur Sicherung der Anlagen waren kaum je erforderlich. Ja, es dauerte nach der Erfindung des Schwarzpulvers (um 1300) noch rund 300 Jahre, bis das Sprengwesen beim Vortrieb in den Minen Einzug hielt. Noch gegen Ende des 17. Jahrhunderts arbeiteten sich die Bergleute im (damals bernischen) Salzbergwerk von Bex im unteren Rhonetal allein mit Hammerschlägen durch den harten Kalk. Immer zwei Mann – der eine Rechtshänder, der andere Linkshänder – standen nebeneinander und führten ihre Werkzeuge im Takt von oben nach unten. Auf diese Weise ließ sich ein Monatsfortschritt von fünf Metern erzielen. Aber damals hatte man eben noch Zeit.
Fast noch schwieriger als der Vortrieb von Stollen und Schächten gestaltete sich die Prospektion, also die Suche nach Bodenschätzen. Weil die geologischen Kenntnisse gering waren und moderne Methoden der Fernerkundung überhaupt fehlten, wurde meist auf gut Glück im Gebirge herumgestochert – und oft genug endeten die Versuchsstollen denn auch in taubem (wertlosem) Gestein.

Eisen

Schon die alten Römer suchten in unserem Land nach Eisen. Schließlich brauchten sie das Metall, um ihre Legionen mit Waffen auszurüsten. Vermutlich geht auch der Bergbau auf Eisenerz am Gonzen bei Sargans im St. Galler Oberland auf das Altertum zurück. Nähere Angaben zum Vorkommen am Gonzen liefert unser Exkursionsvorschlag.

Ein Bild, wie es für die gegenwärtige Lage des Schweizer Bergbaus typisch ist: Wassereinbruch hat einen alten Stollen ‹ersaufen› lassen (so der Fachausdruck).

Schweizer Eisenerz tritt in verschiedenen geologischen Formationen auf. Entsprechend unterschiedlich ist die Qualität. Hier seien in Kürze die wichtigsten Lagerstätten vorgestellt:

Im Jura zwischen Biel und Schaffhausen tritt recht häufig Bohnerz in Form braunroter Kügelchen und in Begleitung eines rötlich-gelben Tones (Bolus) auf. Es handelt sich um eine Karstbildung. Als im frühen Tertiär (Eozän, vor rund 50 Millionen Jahren) die Jurakalke einem tropischen Klima ausgesetzt waren, wurde das Karbonatmaterial gelöst, und in Gesteinsvertiefungen lagerten sich eisenhaltige Verwitterungsrückstände ab. Hochwertiges Bohnerz bringt es auf einen Eisengehalt um die 40 Prozent. Manche Vorkommen liegen in der Nähe der Erdoberfläche und lassen sich daher leicht gewinnen. Leider sind sie nicht sehr ergiebig. Früher gaben sie jedoch Anlaß zu regionaler Industrialisierung (Eisenwerke von Roll, Eisenwerk Laufen am Rheinfall). Im Delsberger Becken dauerte der Abbau von Bohnerz bis zum Jahr 1947. Noch heute kann man dort – wie auch im Berner, Solothurner und Schaffhauser Jura – Spuren einstiger Bergbautätigkeiten finden. Wer etwa die Umgebung der jurassischen Kantonshauptstadt Delsberg (Delémont) durchstreift, wird zweifellos einige Kügelchen von Erbsen- bis Baumnußgröße ‹ernten›.

Im Sommer 1966 wurde der Eisenerzabbau am Gonzen bei Sargans eingestellt. Jetzt steht ein Teil der unterirdischen Anlagen dem Bergwerkstourismus zur Verfügung.

Im Sommer 1967 schloß das Eisenbergwerk von Herznach im aargauischen Fricktal seine Tore. Seither ruht die Eisengewinnung in der Schweiz: Hohe Lohnkosten und verhältnismäßig kleine Vorkommen machen den Abbau in Zeiten ungestörter Einfuhr unrentabel. Bei Herznach wurde sogenannter Eisenoolith gewonnen. Das ist ein Gestein mit einem Eisengehalt von durchschnittlich 30 Prozent, bestehend aus Millionen zusammengebackener Kügelchen von Millimetergröße. Diese Kügelchen lagerten sich zur Doggerzeit (vor 150 Millionen Jahren) im Jurameer ab. Während des Zweiten Welktkrieges lieferte das Bergwerk im Fricktal 650000 Tonnen Eisenerz – mehr als der bekanntere Gonzen mit 400000 Tonnen. Noch lagern bei Herznach 50 Millionen Tonnen Oolith-Erze im Boden: Reserven für alle Fälle. In der Landschaft ist vom einstigen Bergbau nur noch wenig zu sehen. Ortskundige können Interessenten zu den Abraumhalden führen, wo zwischen Unkraut vielleicht noch ein Handstück auf Souvenirjäger wartet. Wegen Einsturzgefahr sind die Stollen geschlossen.

Lohnend ist ein Besuch von Vallorbe im Waadtländer Jura. Erstens gibt es dort eine sehenswerte Grotte mit unterirdischem Lauf der Orbe, und zweitens ist die Ortschaft Standort des Eisenmuseums. Eisenhaltige Kalke in der Umgebung brachten Handwerk und Industrie zur Blüte. Im Museum ist mitzuerleben, mit welchen Methoden – offene Esse, Gebläse durch Wasserkraft angetrieben – früher das Eisen geschmiedet wurde.

Eher der Vollständigkeit halber seien zwei weitere einst wirtschaftlich bedeutsame Eisenvorkommen erwähnt: jenes von Mont Chemin bei Martigny im Rhonetal sowie das von Erzegg-Planplatte im Grenzgebiet zwischen Gadmental (Berner Oberland) und Melchtal (Kanton Obwalden). Beide Lagerstätten sind heute nicht mehr oder nur unter großen Mühen und Gefahren zugänglich. Halten wir uns für einen Augenschein also lieber an den Gonzen bei Sargans, den Schweizer ‹Eisenberg Nr. 1›.

Exkursion Eisenbergwerk Gonzen

Im St. Galler Rheintal erhebt sich über Sargans (Eisenbahnknotenpunkt, Autobahnausfahrt) der 1833 Meter hohe Kalkklotz des Gonzen. Durch den hellen Malmkalk, vor 140 Jahrmillionen im Jurameer abgelagert, zieht sich in Schleifen und vielfach zerbrochen ein Eisenerzband von 6–10 Metern Mächtigkeit. Es ist ein Erz der besten Qualität mit zum Teil mehr als 50 Prozent Eisengehalt. Leider zwangen wirtschaftliche Gründe – importiertes Erz war wesentlich billiger – 1966 zur Schließung des Bergwerkes. Nach einigen Jahren des Dornrös-

Unterirdischer Abbau von Bohnerz bei Delsberg im Jura. Archivbild aus der Zeit des Ersten Weltkrieges (um 1918).

Der Gonzen über dem St. Galler Rheintal bei Sargans, Schweizer Eisenerzberg von fast legendärem Ruf. Das Erzband liegt im Malmkalk.

chenschlummers öffneten sich die Stollen wieder: diesmal als Touristenattraktion. Tatsächlich darf sich das Schaubergwerk Gonzen nicht über mangelnde Nachfrage beklagen – die Exkursionen mit der putzigen Bergwerksbahn und dann zu Fuß durch den Bauch des Berges sind seit Sommer 1983 praktisch immer ausgebucht (Anmeldung beim Verkehrsbüro Sargans).
Unter kundiger Führung – und ausgerüstet mit Kunststoffhelm – erleben die Teilnehmerinnen und Teilnehmer einer solchen Expedition, wie sich der bergmännische Alltag abgespielt hat. Trotz Mechanisierung war der Abbau des Eisenerzes mit Schwerarbeit verbunden. Verständlich, waren die Knappen stolz auf ihren Beruf. Vergessen wir nicht, aus dem Bergwerk ein Handstück des rötlichen Eisenerzes mitzunehmen. Vom tauben (erzfreien) Malmkalk unterscheidet es sich allein schon durch sein auffallend größeres spezifisches Gewicht. Und Tip Nr. 2: Das Heimatmuseum im Schloß Sargans zeigt eine Ausstellung über den Bergbau im Gonzen, der während vielen Jahrzehnten Volkswirtschaft und Kultur der ganzen Region geprägt hat.

Blei, Zink, Kupfer, Mangan, Uran

Mit einigem Abstand ist – oder besser gesagt: war – Eisen das wichtigste aus Schweizer Boden gewonnene Erz. Daneben gab es eine Vielzahl meist kleinerer bis winziger Minen, wo andere mineralische Rohstoffe wie Blei (meist in

Verbindung mit Zink und zuweilen auch mit Silber), Kupfer, Mangan usw. abgebaut wurden, dies vor allem zur Zeit der Verknappung während des Zweiten Weltkrieges.
Der doch erstaunliche Reichtum an Erzvorkommen ließ die Geologen den Satz prägen, die Schweiz sei ‹reich an armen Minen›. Kein Wunder, wurde die Förderung nach 1945, als die Grenzen wieder offen waren, in den meisten Fällen rasch eingestellt: Mit ausländischer Massenware konnten die heimischen Bodenschätze nicht konkurrieren.
Etliche Zeugen dieses Bergbaues – und zwar ausschließlich in den Alpen – sind noch immer zu sehen... wenn auch vor dem Betreten der Anlagen ausdrücklich gewarnt werden muß. Am bekanntesten wohl sind die Ruinen des Blei-Zink-Bergwerkes von Goppenstein (VS) im Lötschental gleich gegenüber des Bahnhofs. Wie gesagt, hatten hier bereits die alten Kelten nach Blei gegraben. Die jetzt noch erkennbaren Gebäulichkeiten stammen aus den Jahren 1949–1952, also aus der Nachkriegszeit. Aus den genannten Gründen kam es damals nur zu Probeläufen, nicht aber zu einem kommerziellen Bleiabbau. Bereits zuvor hatten manche Gesellschaften in Goppenstein ihr Geld buchstäblich verlocht. Immerhin konnte zu Beginn dieses Jahrhunderts die ‹Bergwerks-Actiengesellschaft Helvetia› jährlich 3000 Tonnen zinkhaltiges Bleierz gewinnen... und zur Weiterverarbeitung nach Frankfurt spedieren, weil es in der Schweiz an Hüttenanlagen fehlte.

Geologen untersuchen ein Manganvorkommen im Oberhalbstein, Kanton Graubünden – Reserve für Zeiten gestörter Rohstoffzufuhr.

Ein weiteres Blei-Zink-Vorkommen liegt im hinteren Lauterbrunnental im Berner Oberland. Unlängst ist die Lagerstätte – in wissenschaftlicher, nicht etwa kommerzieller Absicht – erneut untersucht worden mit dem Ergebnis, daß im Berg noch mit beträchtlichen Reserven zu rechnen sei. Ebenfalls noch nicht erschöpft sind wohl die Vorkommen von Les Trappistes bei Orsières im Unterwallis sowie von S-charl im Unterengadin. Überhaupt zählt das Graubünden zu den erzreichsten Regionen der Schweiz, was ja auch die Bezeichnung Ofenpaß (womit Hochöfen zur Erzverhüttung gemeint sind) verrät. Eine Exkursion wird uns denn auch zum Silberberg bei Davos führen.

Doch zuvor ein Blick in die Zukunft. Könnte die Schweiz in einer Notlage aus eigenen Vorräten genügend Metalle gewinnen? Ein Nationales Forschungsprogramm des Nationalfonds ist dieser Frage nachgegangen und zu folgendem Schluß gelangt: «Was Metalle wie Kobalt, Nickel, Wolfram oder Molybdän betrifft, darf die Schweiz hoffen, sich im Falle von Preissteigerungen aus eigenem Boden zu versorgen. Der Landesbedarf an Kupfer, Blei, Zink und auch Gold ließe sich mindestens zum Teil decken.»

In einem solchen Fall müßte man zum Teil stillgelegte Bergwerke wieder in Betrieb nehmen (etwa auch die Kupferminen im Val d'Anniviers im Wallis und

Industriearchäologie ist ein junger Forschungszweig. Freiwillige Helfer beim Restaurieren der Bergwerksanlagen von S-charl im Unterengadin, wo noch im letzten Jahrhundert Blei und Zink gewonnen wurde.

Uransuche – hier im Wallis bei Naters – ist keine Hexerei: Die radioaktive Strahlung verrät, wo Lagerstätten des Kernbrennstoffes zu finden sind.

auf der Mürtschenalp über dem Walensee), zum Teil aber auch neue Vorkommen erschürfen. Was den wichtigen Eisenveredler Mangan angeht, besteht ebenfalls gute Hoffnung: Im Oberhalbstein (Graubünden) haben Geologen mit modernen Prospektionsmethoden mehrere zehntausend Tonnen Manganerz lokalisiert. Diese Vorkommen von Falotta und Parsettens wurden bereits während der beiden Weltkriege abgebaut, doch dies bloß oberflächlich. Wer die Mühe des Aufstiegs – vom Dorf Tinizong/Tinzen aus in südöstlicher Richtung – auf sich nimmt, darf als Belohnung schmucke Handstücke des rötlichen Erzes in den Rucksack packen.
Einen Sonderfall stellt das Uran dar. Nach diesem Kernbrennstoff wurde erstmals in den sechziger Jahren gesucht, als die Schweiz ein eigenes Atomprogramm auf die Beine stellte. Vor allem im Wallis wurden Lagerstätten von Uranerz entdeckt, doch bewahrheitete sich auch hier die Erkenntnis vom Reichtum an armen Vorkommen: Ein rentabler Abbau kam niemals in Frage. Für Amateure ist die Uransuche nicht ganz einfach. Wer sich freilich ein Nachweisgerät für radioaktive Strahlung beschaffen kann, findet leicht Gesteine mit erhöhtem Urangehalt: in der Region westlich und südwestlich Martigny, im Gebiet Isérables – Verbier – Haute Nendaz, nördlich Naters bei Brig, bei Truns im Vorderrheintal (Bündnerland) sowie im Bereich des Kupferbergwerks Mürtschenalp südlich des Walensees.

Exkursion Bergbaumuseum Davos-Schmelzboden mit Schaubergwerk und Gesteinslehrpfad

Graubünden gehört, zusammen mit dem Wallis, zu den rohstoffreichsten Regionen der Schweiz. Im ehemaligen Verwaltungsgebäude des Bleibergwerks Silberberg in Davon-Schmelzboden hat der rührige «Verein der Freunde des Bergbaues in Graubünden» ein sehenswertes Museum eingerichtet. Dieses Bergbaumuseum Schmelzboden liegt unweit der Station Davos-Monstein der Rhätischen Bahn an der Strecke durch die Zügenschlucht nach Filisur. Es ist zwischen Frühling und Herbst geöffnet. Ab dem Museum finden auch regelmäßige Führungen über den wiederhergestellten Knappenpfad zum Schaubergwerk am Silberberg statt (Auskunft und Anmeldung beim Kurverein Davos). Das Blei- und Zinkvorkommen im Dolomit der Triaszeit wurde, trotz großer Schwierigkeiten in dem steilen Gelände, bis ins 19. Jahrhundert hinein mit einigem Erfolg abgebaut, wobei Perioden der Blüte sich mit solchen des Niederganges abwechselten.

Blick ins Bergbaumuseum Schmelzboden bei Davos im Bündnerland. Ein Besuch lohnt sich und ist leicht mit der Begehung des Gesteinslehrpfades in der Zügenschlucht zu verbinden.

Die Anlagen von Schmelzboden im 19. Jahrhundert. Sie verarbeiteten Blei- und Zinkerze aus dem Bergwerk am Silberberg.

Zwischen dem Bergbaumuseum Davos-Schmelzboden und Wiesen (das ist die nächste Bahnstation Richtung Filisur) ist ein instruktiver Gesteinslehrpfad abzuschreiten. Längs der alten Straße – die neue verläuft in einem Tunnel – finden sich wohlbeschriftete Gesteine aufgereiht, welche die Landschaft Davos aufbauen. Auf engem Raum kommen hier Vertreter aller wichtigen Gesteinstypen vor, von den magmatischen Gesteinen (Rhyolith, auf dem Lehrpfad noch mit der alten Bezeichnung Quarzporphyr versehen) über die Sedimente (Radiolarit, Dolomit, Buntsandstein, Verrucano-Konglomerat) bis zu den metamorphen Gesteinen (Gneise, Amphibolit, Serpentinit).
Eindrücklich auch die Landschaft. Der Gesteinslehrpfad durchquert hoch über dem schäumenden Landwasser die Zügenschlucht, welche ihren Namen von den zahlreichen Steinschlag-Runsen bekommen hat. Beim Bärentritt Aussichtspunkt mit Wasserfall (Känzeli). Für die Begehung des Gesteinslehrpfades ist eine gute Stunde anzusetzen.

Kohle

Wenn wir die Kohle in die Galerie der wichtigsten Schweizer Gesteine aufgenommen haben, dann mit gutem Grund: Dieser brennbare Bodenschatz kommt nämlich an zahlreichen Stellen des Landes vor, und zwar – wie ja auch viele andere Gesteine – in verblüffender Vielfalt. Farbe, Beschaffenheit und Brennwert der Kohle hängen im wesentlichen von ihrem Alter ab. Interessanterweise gilt hier das gleiche Gesetz wie beim Wein: je älter, desto wertvoller.
Die ältesten Kohlevorkommen stammen noch aus dem Erdaltertum, und zwar aus der Karbonzeit vor rund 300 Millionen Jahren. Damals bedeckten tropische Sümpfe weite Teile der heutigen Schweiz. Die Vegetation freilich unterschied sich deutlich von den Regenwäldern der Gegenwart: Karbonpflanzen waren Riesenexemplare von Verwandten der Farne und Schachtelhalme. Ihre Überreste, durch die Wechselfälle der Erdgeschichte von mächtigen Gesteinsschichten überlagert, wandelten sich im Lauf der Zeit zu kohlenstoffreichem, schwarzglänzendem Anthrazit um. Durch die alpine Gebirgsbildung gerieten die Anthrazit-Flöze (mit Flöz bezeichnet man eine Kohleschicht) wieder in höhere Stockwerke der Erdkruste und wurden dann stellenweise durch die Erosion freigelegt.
Klassisches Anthrazitgebiet ist das Wallis, wo der Bergbau erst in den fünfziger Jahren zu Ende ging – nicht aus Mangel an weiterer Kohle im Berg, sondern weil deren Gewinnung wegen der Billigimporte nicht mehr lohnend war. Während der beiden Weltkriege aber (und schon zuvor seit dem Mittelalter) gruben die Walliser emsig ihren schwarzen Bodenschatz aus den Bergen. Die Gruben zu beiden Seiten des Rhonetals liegen (beziehungsweise lagen) zwischen Ferden im Lötschental und der Abbauregion von Dorénaz – Collonges unterhalb Martigny. Die Hauptaktivität spielte sich an der südlichen Talflanke zwi-

Im Zweiten Weltkrieg mußte die Schweiz auf einheimische Bodenschätze zurückgreifen. Im Wallis wurden etwa 500000 Tonnen Anthrazit gewonnen.

schen Siders und Sitten ab. Grône, Bramois, Chandoline und Nendaz heißen hier die bedeutendsten Lokalitäten. Gesamthaft wurden im Ersten Weltkrieg (1914–1918) im Wallis runde 250000 Tonnen Anthrazit gewonnen, im Zweiten Weltkrieg (1939–1945) runde 500000 Tonnen. Selbst zurückhaltende Schätzungen rechnen damit, im Gebirge würden noch mindestens 12–15 Millionen Tonnen stecken, ein guter Teil davon direkt unter dem Rhonetal.
Geologisch deutlich jünger als der Anthrazit aus dem Wallis ist die Kohle des Berner Oberlandes. Es handelt sich um zwei verschiedenaltrige Bildungen, die beide ein der Braunkohle verwandtes Produkt liefern: Die Vorkommen im Simmental mit dem Hauptabbaugebiet Boltigen stammen aus dem Dogger (Brauner Jura, vor etwa 150 Millionen Jahren), jene aus dem Kandertal (Hauptabbau in den Steilabstürzen hoch über Frutigen und Kandergrund) gehören dem Eozän an (frühe Erdneuzeit, vor etwa 50 Millionen Jahren). Die Abbaubedingungen erwiesen sich als denkbar ungünstig: Geringmächtige Flöze, an schwer zugänglichen Stellen gelegen, die im Bergesinnern an geologischen Störungen oft genug plötzlich aussetzten... so macht's keine Freude, Bergbau zu betreiben, und der Profit bleibt zwangsläufig aus. Kurz nach Ende des Zweiten Weltkrieges stellte man die Kohleförderung im Berner Oberland daher ein.
Das gleiche Schicksal erlitten die Molassekohlen des schweizerischen Mittellandes. Seit vielen Jahrhunderten waren hier, lange in bescheidenstem Rahmen, handtuchschmale Flöze abgebaut worden. Die beiden Weltkriege brachten dann einen Aufschwung und führten auch zu industrieller Gewinnung. Von den zahlreichen Revieren der rund 20 Jahrmillionen alten und meist recht stark schwefelhaltigen Kohle seien hier deren drei genannt: das ausgedehnte Gebiet im Osten von Lausanne (Palézieux – Oron – Mionnaz), das Bergwerk Blappach bei Trubschachen im bernischen Emmental sowie das Bergwerk von Käpfnach-Horgen über dem südlichen Zürichseeufer. Von der regen Bergbautätigkeit der noch gar nicht so weit zurückliegenden Zeiten ist kaum mehr etwas zu sehen: Im weichen Molassesandstein zerfallen die Stollen eben rasch. Das Ortsmuseum Horgen hält mit einer Spezialausstellung das Andenken an die Bergbautradition wach, welche seit 1548 immerhin ein wichtiger Wirtschaftsfaktor der Region gewesen war. Nähere Auskünfte gibt gerne der 1982 gegründete Bergwerksverein in 8810 Käpfnach-Horgen.
Nur wenige Handbreit unter dem Boden liegt die jüngste Kohlebildung der Schweiz, die Schieferkohle. Es handelt sich um Bildungen aus einer Zwischeneiszeit, nur einige zehntausend Jahre alt. In mancher Hinsicht ähnelt die Schieferkohle noch durchaus dem Torf, aus dem sie auch hervorgegangen ist. So besitzt grubenfeuchte Schieferkohle einen beträchtlichen Wassergehalt und muß vor dem Verbrennen getrocknet werden – ein aufwendiges und energiezehrendes Verfahren. Kein Wunder also, wurde die Gewinnung von Schieferkohle eingestellt, kaum waren nach Kriegsende 1945 die Grenzen für hochwertige Importkohle wieder offen. Während der kriegsbedingten Mangelzeiten freilich waren die Eidgenossen sehr froh um diesen einheimischen Bodenschatz und bauten ihn in beträchtlichen Mengen (rund eine Million Tonnen) ab. Zwei Reviere waren für die Landesversorgung besonders wichtig: jenes von Gondiswil – Zell unweit Huttwil im bernisch-luzernischen Grenzge-

Gewinnung von Schieferkohle mit Dampfbagger im Tagebau. Das Archivbild von 1918 zeigt die Grube bei Gondiswil an der Kantongrenze zwischen Bern und Luzern.

biet sowie das von Uznach – Kaltbrunn zwischen Zürichsee und Walensee im Kanton St. Gallen. Zuvor im 19. Jahrhundert hatten die Schieferkohlegruben von Wetzikon und Dürnten im Zürcher Oberland einen weiteren Schwerpunkt der Rohstoffgewinnung gebildet.

Exkursion zur Schieferkohle im Böllenbergtobel bei Uznach

Wie abenteuerlich, in alten Bergwerken herumzustrolchen. Neben Nervenkitzel findet man hier gar manches seltene Gestein – kein Wunder, denn Bergbau wurde nur dort betrieben, wo es etwas Besonderes zu holen gab. Auch wenn im Moment – und wohl noch für eine geraume Weile – der Bergbau klassischen Zuschnitts in der Schweiz ruhen muß, öffnen sich den Kundigen doch manche Mundlöcher, also die Eingänge zu verlassenen Stollen. Die Schweiz ist ja, wie Geologen anzumerken pflegen, reich an armen Minen.
Doch die Sache hat ihre Haken. Im Bergesinnern lauern mancherlei Gefahren. Da können Gesteine von der Stollendecke herunterprasseln, oder ein Einsturz schneidet den Rückweg ab. Wer auf ein morsches Holzbrett tritt, stürzt unversehens in einen – womöglich wassergefüllten – Schacht. Und dann gibt es die

giftigen oder erstickenden Gase, besonders gefürchtet in ehemaligen Kohlegruben. Wer sich trotz solcher Aussichten in die dunkle Ungewißheit wagen möchte, gehe keinesfalls auf eigene Faust, sondern schließe sich einer Expedition erfahrener Bergbauforscher an. Entsprechende Kontakte knüpfen sich in der Schweizerischen Vereinigung für historische Bergbauforschung (SGHB, c/o Naturhistorisches Museum, 4051 Basel) oder im Verein der Freunde des Bergbaues in Graubünden (7270 Davos Platz).
Für unsere Kohle-Exkursion haben wir ein Ziel gewält, das gefahrlos zu erreichen ist. Da gähnt weder Stollen noch Schacht, sondern eine simple Waldschlucht, wie sie im Mittelland so häufig vorkommt. Es ist das Böllenbergtobel ob Uznach im Sanktgallerland. Uznach, durch die Bahnlinien Rapperswil – St. Gallen und Rapperswil – Ziegelbrücke erschlossen, war fast 200 Jahre lang das Zentrum des Schieferkohleabbaues in der Ostschweiz. Zwischen 1760 und 1946 wurden in der Umgebung dieser Ortschaft über 700000 Tonnen des bröckligen Heizmaterials gewonnen. Die Blütezeit des Reviers von Uznach – Kaltbrunn im 19. Jahrhundert fiel in die Jahre 1850–1860 und lieferte Jahreserträge um die 15000 Tonnen... für damals eine ordentliche Menge. Ein Teil der Schieferkohle wurde im Tagbau (also oberirdisch) gewonnen, ein Teil auch im Bergwerksbetrieb mit Stollen. Diese sind freilich nicht mehr zugänglich, was auch sein Gutes hat, denn während der Betriebsperiode kam es zu zahlreichen Vergiftungsfällen durch Grubengas (Methan). Insgesamt dürften etwa 50 Männer an Gasvergiftung gestorben sein: Auch die Schweiz kennt ihre Opfer des Bergbaus.
Im Böllenbergtobel ob Uznach tritt an mehreren Stellen ein Schieferkohleflöz zutage. Stete Erosion sorgt immer wieder für neue Aufschlüsse. Heruntergestürzte Stücke des schiefrigen Bodenschatzes finden sich auch im Bachbett. Freilich erträgt das bröcklige Material keinen langen Wassertransport. Vom Bahnhof Uznach aus ist der Eingang (beziehungsweise Ausgang, denn wir schreiten bachaufwärts fort) zum bewaldeten Böllenbergtobel in einer starken Viertelstunde zu erreichen. Wir durchschreiten die Ortschaft und folgen in nordöstlicher Richtung der gegen Ernetschwil zu ansteigenden Straße. Bei der Neumüli dann nach rechts ins Tobel einbiegen. Besonders bei feuchter Witterung sind Stiefel empfehlenswert. Nützlich ist die Landeskarte 1:25000, Blatt 1113 ‹Ricken›. Das Böllenbergtobel ist ins Bundesinventar der Landschaften und Naturdenkmäler von nationaler Bedeutung (BLN) aufgenommen worden.

Gold

In einem Buch über Gesteine der Schweiz darf das Kapitel «Gold» keine übermäßigen Erwartungen wecken. Wüßten die Autoren nämlich, wo das Edelmetall in blanken Adern auftritt, würden sie ihre Zeit wohl kaum mit Bücherschreiben verbringen. In der Tat: Mit gleißenden Goldadern ist es nicht weit her, obwohl unser Land über einige respektable Goldvorkommen verfügt. Und zu Zeiten, da die Lebenskosten noch niedriger und die Goldpreise höher lagen, wurden sie auch emsig abgebaut. In den Alpen kommt das Gold in Form kleiner Teilchen eng verbunden mit dem umgebenden Gestein (dem

sogenannten Nebengestein) vor. Wer das Edelmetall herausholen will, muß das goldhaltige Gestein zuerst fein mahlen und dann chemisch – etwa mit dem hochgiftigen Quecksilber – behandeln. Dies allein zeigt, daß Goldgewinnung auf eigene Faust so leicht nicht ist.
Besser geht es in verschiedenen Flüssen des Mittellandes, wo die Erosion willkommene Hilfestellung leistet. Sie löst nämlich die Goldflitterchen aus dem Nebengestein und reichert sie an gewissen Stellen im Flußbett an. Dort kann man sie mit etwas Glück und geeigneten Geräten – etwa der legendären Waschpfanne – herausholen.
Unser ‹goldener› Rundgang durch die Eidgenossenschaft stimmt notgedrungen etwas nostalgisch, denn gegenwärtig bleibt jeglicher Bergbau eingestellt, und als Goldwäscher betätigen sich – freilich in stets wachsender Zahl – bloß noch Amateure.
Wie auch bei den anderen mineralischen Rohstoffen bildeten Wallis und Graubünden Schwerpunkte der Bergbautätigkeit. Bekanntgeworden sind etwa die Goldminen bei Gondo auf der Südseite des Simplonpasses, wo zwischen 1660 und 1897 aus mehreren Stollen das goldhaltige Gestein gefördert wurde. Nach jüngsten Untersuchungen kundiger Geologen stecken noch reichliche Reserven im Berg, doch dürfte sich deren Gewinnung unter gegenwärtigen Wirtschaftsverhältnissen kaum lohnen – das alte Lied.
Weniger der Weltmarkt als interne Mißwirtschaft hatte 1897 zum Konkurs der letzten Goldminengesellschaft von Gondo geführt. Immerhin waren zuvor aus 5800 Tonnen Gestein 33 Kilogramm Reingold gewonnen worden. Daraus wurden 20-Franken-Goldmünzen geprägt, ‹Vreneli› genannt. Heute sind von den Bergwerksanlagen am Eingang zum Zwischbergental nur noch Ruinen auszumachen. Neben überwucherten Mauern rosten Metallreste vor sich hin. Die Eingänge der Stollen am steilen Berghang darüber sind noch offen, doch muß vor deren Betreten gewarnt werden. Zu holen gäbe es ja ohnehin nichts.
Der zweite größere Goldkomplex der Alpen befindet sich im Calandaberg unweit Chur. Hier ziehen die Gänge des goldhaltigen Gesteins nicht wie bei Gondo durch Gneise des Erdaltertums, sondern durch Malmkalke der Jurazeit aus dem Erdmittelalter. Der Abbau konzentrierte sich auf das 19. Jahrhundert. Unlängst ist im Bündner Oberland zwischen Disentis und dem Lukmanierpaß ein weiteres Goldvorkommen entdeckt worden, doch ein Abbau dürfte aus bekannten Gründen zumindest in nächster Zeit kaum lohnend sein. Wenig anders präsentiert sich die Lage sowohl bei der Goldmine von Salanfe im Unterwallis (Bergwerkbetrieb 1904–1936) wie auch bei jenem von Astano im Tessiner Malcantone (Bergwerkbetrieb 1855–1961).
Wenn das Stichwort ‹Gold in der Schweiz› fällt, denkt man heute meist an das Napfbergland im bernisch-luzernischen Grenzgebiet. Hier enthält der harte Naturzement aus Sandstein, welcher die Gerölle der Nagelfluh zusammenkittet, kleine Goldflitterchen. Sie stammen ursprünglich, wie auch Gerölle und Sand, aus längst abgetragenen Ketten der Uralpen. Von der Erosion in die Napfbäche getragen, werden sie die willkommene Jagdbeute von Hobby-Goldwäschern, die während gewisser Tage einander an den guten Stellen fast auf die Stiefel treten.
Weitere goldführende Fließgewässer gibt es im Genferland (Allondon) sowie –

Ruine des Goldbergwerks von Gondo auf der Südseite des Simplonpasses. Mißwirtschaft hatte das Unternehmen kurz vor der Jahrhundertwende in den Ruin getrieben.

erst kürzlich in Fachkreisen publik geworden und deshalb noch wenig bekannt – in der Ostschweiz. Näheres zum Napf findet sich im anschließenden Exkursiosvorschlag. An dieser Stelle seien in aller Kürze die wichtigsten ostschweizerischen Waschgoldgebiete angeführt:

- Verhältnismäßig goldreich sind die Bäche am Nordhang des Irchels, im Tößtal (Rikon-Sennhof-Weißlingen) und von Nürensdorf über Kloten bis Bülach.
- Ein weiteres vielversprechendes Geländeband zieht sich von Steinach bei Arbon über Roggwil TG, Kradolf, Mettlen und Märwil Richtung Aadorf.
- Goldführend ist auch, wie ja schon der Name sagt, der Goldinger Bach bei Goldingen im Kanton St. Gallen.
- Bei Niedrigwasser bieten auch die Ufer des Hochrheins etliche Aussicht auf Erfolg. Je weiter flußabwärts, desto häufiger – aber auch um so kleiner – die Goldflitterchen.

Wahrscheinlich stammt das Gold in den Ostschweizer Bächen und Flüssen aus dem Bündnerland und wurde, samt Nebengestein, mit dem eiszeitlichen Rheingletscher nach Norden verfrachtet. Wer unter günstigen Umständen einen Kubikmeter Kies durcharbeitet, kann bis zu 1000 Goldflitterchen finden, die größten immerhin anderthalb Millimeter lang. Doch sind die Flitterchen im Durchschnitt trotz ihres relativ hohen spezifischen Gewichtes so leicht, daß 1000 von ihnen kaum 50 Milligramm auf die Waage bringen. Wollte man dieses naturnahe Hobby zum Lebensunterhalt wählen, müßte man sich ordentlich abstrampeln. Die speziellen Tricks der Goldwäscher seien nun anschließend bei der Exkursion ins Napfbergland verraten.

Exkursion Goldwaschen im Napfgebiet

Glasklar und erfrischend kühl sind die Bäche im Napfbergland an der bernisch-luzernischen Kantonsgrenze. Die hier vor rund 20 Jahrmillionen abgelagerten Nagelfluhmassen der Molassezeit enthalten – eingebettet in den Naturzement aus hartem Sandstein – Milliarden von Goldflitterchen. Die nimmermüde Erosion nagt am Gesteinsuntergrund und befördert das Edelmetall in die Fließgewässer. Dort sammeln sich die Goldflitterchen an gewissen Stellen an. Wer mit Erfolg seine Waschpfanne schwenken will, muß wissen, wo und wie.

Das ‹Wo› ist rasch beantwortet: Praktisch alle Flüsse und Bäche, die in die verschiedenen Himmelsrichtungen vom Napf ausgehen, sind goldführend. Ja, sogar das legendäre Rheingold stammte ursprünglich vom Napf. Es gelangte via Emme (samt Zuflüssen) und Aare bis nach Deutschland. Seitdem Stauwehre die Flüsse gezähmt haben, hapert es auch mit dem Goldnachschub. Im

Goldgewinnung als Hobby. Im Napfgebiet schwenken Amateure mit gutem Erfolg ihre Goldwäscherpfannen.

Gewußt wo, gewußt wie: Ein erfahrener Goldwäscher zeigt dem Nachwuchs, wie man die glänzenden Flitterchen aus dem Bachbett holt.

so wilden Napfbergland indessen bleibt noch lange keine Verknappung zu befürchten.

Das Goldwaschen ist kein Reinigungsprozeß, sondern ein Trennvorgang. Mit Hilfe des Wassers lassen sich die leichten Sandkörner von den spezifisch schwereren Goldflitterchen absondern. Die Methode – bis um 1900 von professionellen «Goldern» geübt – läßt sich in einer Viertelstunde erlernen. Als Ausrüstungsgegenstände braucht es eine Schaufel, ein Sieb (ideale Maschenweite vier Millimeter), ein Waschbecken (die Radkappe eines Autos tut's auch) und eine Pinzette.

Das Sieb scheidet zuerst das grobe Kies vom (hoffentlich) goldhaltigen Sand. Anschließend wird dieser Sand im Becken mit Wasser bedeckt. Kreisende Bewegungen tragen die leichten Sandkörner über den Beckenrand hinaus; die schwereren Goldteilchen bleiben – zusammen mit dunkeln Erzkörnern – am Boden zurück. Nach mehrmaligem Spülen kann man die blinkenden Flitterchen mit der Pinzette packen und in ein Glasröhrchen gleiten lassen.

Bei der Suche nach einem guten Plätzchen schaue man in erster Linie, wo altgediente Goldwäscher stehen. Ein guter Hinweis auf ideale Stellen ist ferner das Vorhandensein dunklen Sandes. Die Erklärung: Dunkle Körner (es handelt sich meist um Erz, wie gesagt) sind verhältnismäßig schwer und sammeln sich an jenen Orten an, wo auch das Gold zu finden ist. Ein Tip zum Schluß noch: Nach Schneeschmelze oder Unwettern, wenn ein Bach über die Ufer getreten und dann wieder zurückgegangen ist, suche man das Moos ab: Oft haben sich nämlich Goldflitterchen im Moosteppich verfangen und leuchten nun verlockend aus dem dunklen Polster.

Salz

Höchste Zeit, die letzten aktiven Reste der schweizerischen Bergbautradition zu erwähnen – und zu besuchen. Es handelt sich um das Salzbergwerk von Bex im Waadtländer Rhonetal. Hier wird heute noch Salz gewonnen, freilich nicht mehr in althergebrachter Weise. Anstatt das aus dem Berg gebrochene salzhaltige Gestein in große Wasserbottiche zu legen, damit das Salz herausgelöst wird, preßt man nun mit hohem Druck durch Bohrlöcher Wasser in die Salzschichten. Die Anreicherung geschieht also an Ort und Stelle, während das kristallisierte Salz (chemisch Natriumchlorid) anschließend durch Verdampfen des Wassers ausgefällt wird.
Entdeckt wurde die Salzlagerstätte von Bex 1554 durch einen Hirten, dem aufgefallen war, mit welcher Vorliebe seine Tiere aus einer leicht salzhaltigen Quelle tranken. Bis 1798 gehörte das Waadtland zu Bern, und das Salzbergwerk Bex trug nicht unwesentlich zum Reichtum der Gnädigen Herren bei.

Wer sagt denn, die Schweiz verfüge über keine Bodenschätze? Die Landesversorgung mit Salz jedenfalls ist noch für längere Zeit sichergestellt.

Damals arbeiteten gleichzeitig bis zu 120 Bergleute in den Stollen und Schächten, und zwar auch am Sonntag, denn das Salz gehörte zu den begehrtesten Rohstoffen.
Mit den modernen Methoden genügt eine Handvoll Spezialisten, um den ganzen Kanton Waadt mit dem täglichen Salz zu versorgen. Ein großer Teil der Stollen wird für den Betrieb nun nicht mehr benötigt und steht, unter kundiger Führung, den Touristen offen (siehe unseren Exkursionsvorschlag).
Mengenmäßig ergiebiger als das Salzvorkommen bei Bex sind die ausgedehnten Lagerstätten unter dem Rheintal bei Basel. Entdeckt wurden sie 1836 durch eine 107 Meter tiefe Bohrung bei Schweizerhalle. Damit begann die Salzgewinnung auch in der Nordschweiz. Hier im Rheintal pickelten und schaufelten nie Bergleute in Stollen und Schächten. Vielmehr wurde das Salz von Anfang an durch Druckwasser aus dem Untergrund gelöst. Das Pumpverfahren ist das gleiche, wie es auch in Bex angewendet wird: Durch ein Rohr fließt Süßwasser in die Tiefe, sättigt sich mit Salz und gelangt als Sole an die Erdoberfläche zurück, wo sich der Rohstoff durch Verdampfen gewinnen läßt.
Auch die Salzlager bei Basel stammen aus der Triaszeit im frühen Erdmittelalter. Vor rund 200 Millionen Jahren bedeckte ein flacher Ozean, das Trias-Meer, weite Teile der Schweiz. In Lagunen, die vom offenen Meer abgeschnürt waren, verdunstete das Wasser unter heißer Sonne und ließ ansehnliche Salzschichten zurück. Ohne Probleme kann sich die Schweiz – bei einem Jahresverbrauch von 400000 Tonnen – noch lange Zeit aus eigenem Boden mit Salz versorgen. Allein in der Gegend von Bex gibt es Vorräte in der Größenordnung von zehn Millionen Tonnen.

Exkursion im Salzbergwerk von Bex

«Die Salzminen bei Bex sind sehenswürdig. Es sind lange, schmale Gänge oder Stollen, welche menschlicher Fleiß in den festen Felsen arbeitete. Allein mit ihrer Lampe im Schoß der Erde, nichts Lebendes um sich als den Schall des einsamen Schlägels, setzen die Mineure der Härte des Steins ihre noch unerschütterlichere Geduld entgegen. Bei dem schwachen Schein der Lampe betrachtet nun der erstaunte Wanderer die Wände seines engen Ganges und verfolgt die Schichten im Inneren des Berges.»
Soweit die Schilderung eines Reiseschriftstellers am Ende des 18. Jahrhunderts. Heutige Bergwerkstouristen – im Jahre sind es deren mehr als 50000 – müssen sich nicht auf rußende Funzeln verlassen, sondern können das unterirdische Reich im hellen Licht elektrischer Lampen bestaunen. Und der beträchtliche Anmarsch entfällt ebenfalls: Vom Stolleneingang der ‹Mine de Bouillet› in Les Dévens ob Bex führt die Stollenbahn bis zum unterirdischen Restaurant, wo – nach Voranmeldung für Gruppen – in ungewohnter Umgebung Raclette serviert wird. Auf dem Rundgang unter kundiger Führung besucht man das Labyrinth aus Stollen und Schächten, kommt auch an modernen Abbaustellen mit Druckwasserleitungen vorbei und wirft ab und zu einen Blick auf historische Gerätschaften.
Die ‹Mine de Bouillet› bleibt zwischen Anfang April und Mitte Oktober den Besucherinnen und Besuchern geöffnet. Nur Gruppen müssen sich bei der

Eingang zum Salzbergwerk von Bex im Waadtländer Rhonetal (Stich aus der Zeit um 1870). Heute verschwinden hier Grubenzüge mit Bergwerkstouristen im Stollen.

Direktion in Bex-Bévieux anmelden. Die Ortschaft Les Dévens ist von Bex aus (Schnellzugstation der SBB-Rhonetallinie Lausanne – Brig) in einstündiger Wanderung (Landeskarte 1:25000, Blatt 1284 ‹Monthey›) oder mit dem Postauto (verkehrt nur werktags) zu erreichen. Automobilisten wählen die Nationalstraße N 9, Abfahrt Ollon oder Bex.

Bausteine zeichnen ein Bild der geologischen Vielfalt

Schon die ersten Menschen in der Schweiz suchten sich eine steinerne Behausung: die Höhlenbewohnerinnen und Höhlenbewohner der Altsteinzeit. Auch spätere Generationen wußten und wissen die Vorzüge des Baumaterials Stein zu schätzen – eines Materials, in dem sich die geologische Vielfalt des Landes abbildet.

Granite und Gneise

Die Kristallingesteine Granit und Gneis, früher unter dem Begriff ‹Urgestein› zusammengefaßt, werden heute hauptsächlich für Randsteine, Sockel, Treppenstufen, Bodenplatten, Marksteine und erosionsbeständige Mauerungen (Wasserbauten) verwendet. Hauptabbaugebiete sind das Urner Reusstal (Aaregranit) sowie die Täler im nördlichen und mittleren Tessin (Gneise der Leventina und Riviera, des Bleniotals, des Verzascatals und des Maggiatals). Auch im Bündnerland werden verschiedene Granit- und Gneisvorkommen abgebaut.

Die Schweiz ist ein wahrhaft steinreiches Land: Abraumhalde eines Steinbruches im Verzascatal (Tessin), wo Gneis gewonnen wird.

Mauersteine aus Feuer und Wasser, am Luganersee entdeckt. Die roten Rhyolithe entstanden als vulkanische Bildungen im Perm (Erdaltertum), die hellen Dolomite sind Meeressedimente der Triaszeit (Erdmittelalter).

Vulkangesteine

Dazu gehören der Roffna-Porphyr aus dem Kanton Graubünden (Seite 58), der als Andeerer Granit vor allem für dekorative und monumentale Arbeiten (zum Beispiel Grabsteine) Verwendung findet. Die heute in der Gesteinskunde als Rhyolithe (Seite 60) bezeichneten Porphyre am Luganersee – Ergüsse aus der Permzeit – sind geschätzte Straßen- und Bahnschotter und dienen ebenfalls dekorativen Zwecken.

Serpentinite

Diese dunklen, kieselsäurearmen Metamorphite werden bei Poschiavo im Puschlav in größerer Menge gewonnen. Auch hier spielt die Verarbeitung zu Grabsteinen eine große Rolle. Ferner wird Puschlaver Serpentinit für dekorative Innenbeläge gebraucht (Altäre, Postschalterplatten, Cheminées, Bodenplatten). Früher recht bedeutsam war die Gewinnung von Lavezstein (Ofenstein, Giltstein, Speckstein, Topfstein), einem talkhaltigen Verwandten des Serpentinits. Ihre Feuerbeständigkeit und hohe Wärmespeicherkapazität machte sie zu Favoriten für den Bau von Stubenöfen; die leichte Bearbeitbarkeit ließ das Material für die Herstellung von Kochtöpfen als geeignet erscheinen. Vorkommen in verschiedenen südlichen Walliser Tälern, im Urserntal, im Bündnerland und im Tessin.

Dachschiefer

Kaum mehr jemand baut sich heute ein Haus ganz aus Naturstein. Einzig im Bereich der Dachschiefer hat sich das Baumaterial ‹frisch ab Steinbruch› noch stellenweise halten können. Ein Schwerpunkt der Dachschiefergewinnung liegt im Oberwallis. Hier wurden – und werden in kleinerem Stil noch immer – metamorphe Tonschiefer von dunkler Farbe gewonnen. Einige der Gruben am Brigerberg sind unterirdisch angelegt. Feinzermahlene Tonschiefer dieser Herkunft (geologisches Alter: Lias) dienen als Dünger. Zusammen mit diesen Schiefern kommt heller Gips der Triaszeit vor.
Anderer Art sind die grünlichen Quarzitplatten aus dem Vispertal. Die sehr kieselsäurereichen Gesteine werden im Gebiet Törbel – Embd – St.Niklaus in mehreren Steinbrüchen abgebaut und als Dachbedeckung, aber auch als Bodenplatten in die ganze Schweiz verschickt.

Nur die besten Stücke kommen in den Handel. Schutthalde der – jetzt aufgelassenen – Dachschiefergruben von Termen ob Brig im Wallis.

Kalk ist ein wichtiger Rohstoff der Bauindustrie. Ein großer Teil der Produktion wird zu Zement verarbeitet. Eine erste Zerkleinerung erfolgt bereits im Steinbruch.

An Bedeutung eingebüßt haben die Lager von Flyschschiefer der Niesenkette im Berner Oberland. Bis noch vor etlichen Jahren hat man sie nicht allein als Dachschiefer, sondern auch als Tafelschiefer (für Schul- und Jaßtafeln) verwendet. Jetzt verarbeitet das Schiefertafelwerk in Frutigen Importgesteine aus Norditalien.

Kalke

Über die technische Verwendung der Kalke und verwandter Gesteine (Dolomite, Kalkmarmore) ließe sich ein kleineres Buch füllen. An manchen Stellen in den Alpen sowie fast überall im Juragebirge kommen Kalke verschiedener Farbe und verschiedenen Alters vor; seit Jahrhunderten werden sie mehr oder weniger emsig abgebaut. Einzelne Vorkommen haben das Gesicht ganzer Städte geprägt. Solothurn beispielsweise verdankt die Fassaden seiner Barockbauten dem hellen Malmkalk. Neuenburg dagegen erstrahlt im warmen Glanz gelblicher Kreidekalke (Pierre jaune de Neuchâtel, Hauterivian). Triaskalke von St.-Triphon im unteren Rhonetal finden sich an Gebäuden in der ganzen Schweiz – dies nur einige wenige Beispiele.
Harte Kieselkalke, wie sie etwa am nördlichen Thunerseeufer gebrochen wer-

Steinhauer leisten Maßarbeit. Das Zurechtschneiden von Kalksteinblöcken erfordert neben Kraft ein gutes Augenmaß.

Mancherorts prägen Steinbrüche die Landschaft, hier in Ostermundigen bei Bern.

den (Seite 86), dienen als Schotter für Bahn und Straße. Viele Kalksteinbrüche im Jura und in den Alpen liefern das Rohmaterial zur Zementherstellung (Seite 80 und 84).

Sandsteine

In der Zeit starker Luftverschmutzung sind Sandsteine nicht gerade ideale Werkstoffe: Innert kurzem zerfrißt der saure Regen die exponierten Fassadenteile. Diese Verwitterung am Bau erfordert in ‹Sandsteinstädten› wie Basel (Buntsandstein der Trias, zum größten Teil aus dem benachbarten Südbaden stammend) oder Bern (weicher Molassesandstein) dauernde Renovationsarbeiten.
Eine Spezialität unter den Sandsteinen sind die harten Muschelsandsteine, ebenfalls der Molasse angehörend. Entsprechende Bänke, gespickt mit Schalen versteinerter Meeresmuscheln, werden vor allem in den Kantonen Aargau und Waadt (früher auch noch im bernischen Seeland) abgebaut. Einst

Steine bauen Städte: Was wäre Basel ohne Münster, was das Basler Münster ohne Buntsandstein?

waren die Muschelsandsteine ihrer rauhen Oberfläche und ihrer Härte wegen ideale Mühlsteine. Jetzt verarbeitet man sie zu Grabsteinen, Brunnentrögen usw. Auch als Fassadenverkleidungen werden Muschelsandsteine – die in der technischen Literatur auch als Muschelkalksteine auftreten – sehr geschätzt.

Kies

Mengenmäßig weitaus bedeutsamer als alle Festgesteine sind im heutigen Baugewerbe die Lockergesteine Kies und Sand als wichtige Ausgangsprodukte der Betonherstellung. Die meisten Kiesvorkommen sind ‹Geschenke› der Eiszeit; es handelt sich um Schotterfluren und Talfüllungen im Vorfeld eiszeitlicher Gletscher. Zur eigentlichen Kiesabbaulandschaft ist das Rafzerfeld im nördlichen Kanton Zürich geworden. Mittelfristig zeichnet sich in der Schweiz ein Kiesmangel ab. Während der Bedarf unvermindert besteht, sind dem Abbau durch verschiedene Faktoren wie Landschaftsschutz (unlängst ist im Zugerland ein größeres Abbauprojekt aus diesem Grund gescheitert) und Gewässerschutz (Kiesfelder sind meist auch ideale Grundwasserträger) Grenzen gesetzt. Es wird deshalb nach Ersatzstoffen gesucht (z.B. gebrochener Kieselkalk).

Kies ist gegenwärtig der mit Abstand wichtigste Bodenschatz der Schweiz. Doch die leicht zu gewinnenden Vorräte aus den eiszeitlichen Schotterfeldern gehen bald zur Neige.

Anhang

Kleines Geologie-Lexikon

Alpen: Deckengebirge, entstanden durch die Kollision von Alt-Europa und Alt-Afrika während der Zeit der oberen Kreide und dem Tertiär.
Asthenosphäre: Schale unter der Lithosphäre im oberen Mantel mit geringer Festigkeit (ev. teilweise Aufschmelzungen).
Atmosphäre: Lufthülle, äußerste Schale der Erde.
Aufschluß: Stelle, wo der Fels sichtbar ist, natürlich oder künstlich durch den Menschen geschaffen.

basisch: Gegenteil von → sauer.
Blattverschiebung: Bruchfläche, entlang welcher sich zwei Blöcke horizontal gegeneinander verschoben haben.
Bruch: Fläche im Gesteinsverband, entlang der das Material zerbrochen ist; eventuell fand entlang der Bruchfläche eine Verstellung statt.

Decke: Teil der Erdkruste, der von seinem Ursprungsort losgelöst und auf einen andern Teil aufgeschoben wurde.
Diagenese: Prozesse, die zur Umbildung einer losen Ablagerung in ein festes Gestein führen.
Diskordanz: Fläche zwischen zwei Gesteinskörpern, wobei der darunterliegende, ältere eine Verformung erlitten hat und der obere, darüberliegende nach der Verformung darauf abgelagert worden ist.

Erdkruste, Erdmantel, Erdkern: Großeinteilung der festen Erde.
Erosion: Durch die Wirkung von Wasser, Eis oder Wind wird Erdreich gelockert und wegtransportiert.
Evaporite: Gesteinsgruppe, die bei der Verdunstung von Meerwasser aus diesem ausfällt.

Facies: ‹Gesicht› eines Gesteins. Alle Hinweise über die Entstehung eines Gesteins (Ort, Klima, Druck, Temperatur), die aus dem Gestein herausgelesen werden können (sedimentäre Facies, metamorphe Facies). Oft auch «Fazies» geschrieben.
Fallen: Gerade auf einer geologischen Fläche mit dem größten Gefälle, liegt senkrecht zum Streichen. Durch Angabe von Fallrichtung und Fallwinkel kann die Orientierung einer Fläche oder Geraden beschrieben werden.
Falte: Verbiegung eines Gesteinspakets, ohne daß es zum Bruch kommt.
Flysch: Ursprünglich weiches Gestein mit Rutschungen im Berner Oberland, heute international gebraucht für Ablagerungen in der Tiefsee durch Trübeströme während der Zeit einer Gebirgsbildung.

Gang: Intrusion von geringer Mächtigkeit, die mit einem scharfen Kontakt das Nebengestein durchschlägt.
Graben: Abgesenkter Block zwischen zwei Verwerfungen.

Horst: Gehobener Block zwischen zwei Verwerfungen
Hydrosphäre: Wasserhülle, Gesamtheit des Wassers auf der Erde.

Insubrische Linie: Wichtige Bewegungszone innerhalb der Alpen zwischen den Zentralalpen mit starker Metamorphose und den Südalpen mit nur schwacher Metamorphose.
Intrusion: Eindringen von fließfähigem Material (Magma, Salz) in einen Gesteinskörper.
Isotop: Isotope sind Atome des gleichen Elements mit gleicher Protonenzahl und unterschiedlicher Neutronenzahl und damit unterschiedlicher Atommasse.

Karst: Kalk-, Dolomit- oder Gips-Landschaft, geformt durch Lösungserscheinungen wie Karren, Dolinen, Höhlen.

Lagerstätte: Konzentration von Mineralien oder Gesteinen, die wirtschaftlich genutzt werden können (z.B. Eisenerz, Erdöl).
Lithosphäre: ‹Gesteinsschale› mit einer Mächtigkeit von etwa 100 km, welche die Erdkruste (ozeanische oder kontinentale) und einen Teil des oberen Erdmantels umfaßt.

Magma: Silikatschmelze mit Mineralien und Gasen.
Metamorphose: Umwandlung von Gesteinen durch Anpassung von Mineralbestand und Gefüge an veränderte physikalische (Druck, Temperatur) und chemische Verhältnisse, ohne Berücksichtigung von Verwitterung, Diagenese und totaler Aufschmelzung.
Mohorovicic-Diskontinuität: Kurz ‹Moho›, Grenze zwischen Erdkruste und Erdmantel.
Molasse: Ursprünglich weicher Sandstein in der Westschweiz, heute international gebraucht für mächtige klastische Ablagerungen am Außenrand eines werdenden Gebirges.

Ophiolithe: Gesteinskomplex mit Peridotiten, Gabbros und basischen Vulkaniten, der als Relikt einer ozeanischen Kruste nicht subduziert, sondern in ein Gebirge eingegliedert wurde.
Orogenese: Gebirgsbildung, bedingt durch die Kollision zweier kontinentaler Lithosphärenplatten.

Paragenese: Mineralvergesellschaftung.

sauer: Mineral oder Gestein, reich an Kieselsäure (SiO_2).
Schichtung: Während der Ablagerung enstandene Lagenabfolge; entlang der Schichtfugen bricht das Gestein sehr gut.

Schieferung: Flächige Anordnung von Mineralien und Mineralaggregaten durch die Verformung des Gesteins unter metamorphen Bedingungen; entlang dieser Flächen bricht das Gestein bevorzugt.
Sedimentation: Ablagerung.
Stratigraphie: Lehre von der Schichtabfolge während der Erdgeschichte.
Streichen: Richtung der Horizontalen auf einer geologischen Fläche (z.B. Schicht-, Schieferungsfläche).
Subduktion: ‹Verschluckung›, Abtauchen einer Lithosphärenplatte unter eine andere an einer destruktiven Plattengrenze. Ist von zwei Platten die eine mit ozeanischer, die andere mit kontinentaler Kruste, taucht die ozeanische als schwerere unter die andere.
Subsidenz: Absenkung eines Becken während der Ablagerung.

Tektonik: Lehre vom strukturellen Aufbau der Erdkruste, den Bewegungen, den Kräften und der Entwicklungsgeschichte, die dazu geführt haben.
Tethys: Meer während des Mesozoikums und des älteren Tertiärs zwischen Alt-Afrika und Alt-Europa, in welchem die Sedimente, die heute in den Alpen vorkommen, abgelagert wurden und von dessen ozeanischer Kruste die Ophiolithe der Alpen zeugen.

Überschiebung: Flachliegende Fläche, über welche eine Decke über die darunterliegende Gesteinseinheit geschoben wurde.

Verformung: Änderung von Form oder Struktur eines Gesteinskörpers durch angreifende Kräfte.
Verwerfung: Steile Bruchfläche, an welcher ein Gesteinsblock, relativ zum andern, hinauf- oder hinuntergeschoben wurde (Auf- oder Abschiebung).

Zerrkluft: Durch Scherbewegungen entstandener Hohlraum, in dem oft Mineralien in ihrer Eigengestalt auskristallisieren konnten (z.B. Quarzkluft).

Literatur und Karten

Auf der Maur, Franz: *Wanderungen zu Denkmälern der Natur.* Geologische Sehenswürdigkeiten der Schweiz in 17 Ausflügen. Ott, Thun 1987.

Auf der Maur, Franz/André, Robert: *Steinreich Schweiz, Band 1:* Vom Kristallsuchen, Goldwaschen und Erzgraben. Aare, Solothurn 1984.

Auf der Maur/André, Robert: *Steinreich Schweiz, Band 2:* Vom Versteinerungssuchen, Kohleschürfen und Erdölbohren. Aare, Solothurn 1985.

Bitterli-Brunner, Peter: *Geologischer Führer der Region Basel.* Birkhäuser, Basel 2. Aufl. 1988.

Dietrich, Richard/Skinner, Brian: *Die Gesteine und ihre Mineralien.* Ein Einführungs- und Bestimmungsbuch. Ott, Thun 1984.

Geologischer Atlas der Schweiz. Kartenwerk im Maßstab 1:25000 mit Erläuterungen. Herausgegeben von der Geologischen Kommission der Schweiz. Naturforschenden Gesellschaft (SNG) und Landeshydrologie und -geologie, Bern.

Geologischer Führer der Schweiz. Zehn Einzelhefte mit 44 Exkursionen. Herausgegeben von der Schweiz. Geologischen Gesellschaft (SGG). Wepf, Basel 2. Aufl. 1967.

Geologischer Führer der Schweiz. Wepf, Basel 1. Aufl. 1934. Im Gegensatz zur 2. Auflage, die ein reiner Autoführer ist, enthält diese in Bibliotheken einzusehende 1. Auflage zahlreiche Exkursionen abseits der Straßen.

Geologische Karte der Schweiz. 1: 500000. Schweiz. Geologische Kommission, Basel 1980.

Gramaccioli, Carlo Maria: *Die Mineralien der Alpen.* Ott, Thun 1978.

Hantke, René: *Eiszeitalter.* Drei Bände. Ott, Thun 1978, 1980, 1983.

Heierli, Hans: *Geologischer Wanderführer Schweiz.* Zwei Teile (Die geologischen Grundlagen – Exkursionen). Ott, Thun 2. Aufl. 1983.

Heierli, Hans: *Der geologische Wanderweg am Hohen Kasten* (Säntis-Gebirge). Paul Haupt, Bern 2. Aufl. 1987.

Jäckli, Heinrich: *Zeitmaßstäbe der Erdgeschichte.* Geologisches Geschehen in unserer Zeit. Birkhäuser, Basel 1985.

Karsch, Karl/Muntwiler, Ewald: *Der Schweizer Jura und seine Fossilien.* Geographie, Geologie und Paläontologie der Nordschweiz. Ott, Thun 1981.

Labhart, Toni P.: *Geologie.* Einführung in die Erdwissenschaften. Hallwag, Bern 5. Aufl. 1986.

Labhart, Toni P.: *Geologie der Schweiz.* Hallwag, Bern 1982.

Labhart, Toni P.: *Aarmassiv und Gotthardmassiv.* Sammlung geologischer Führer, Band 63. Gebr. Borntraeger, Berlin/Suttgart 1977.

Lieber, Werner: *Der Mineraliensammler.* Ott, Thun 7. Aufl. 1978.

Murawski, Hans: *Geologisches Wörterbuch.* Deutscher Taschenbuch Verlag/Ferdinand Enke, Stuttgart 8. Aufl. 1983.

Nickel, Erwin: *Grundwissen in Mineralogie.* Drei Bände (Grundkursus, Kristallographie, Petrographie). Ott, Thun 1973, 1980, 1983.

Parker, Ronald B.: *Unergründliche Tiefen.* Essays zur Erdgeschichte. Birkhäuser, Basel 1987.

Quervain, Francis de: *Die nutzbaren Gesteine der Schweiz.* Herausgegeben von der Schweiz. Geotechnischen Kommission. Kümmerly + Frey, Bern 3. Aufl. 1969.

Quervain, Francis de: *Technische Gesteinskunde.* Birkhäuser, Basel 2. Aufl. 1967.

Schindler, C./Nievergelt, P.: *Einführung in Geologie und Petrographie.* Verlag der Fachvereine, Zürich 1987.

Steinbachs Naturführer Gesteine. Mosaik-Verlag, München 1987.

Steinbachs Naturführer Mineralien. Mosaik-Verlag, München 1982.

Steinbachs Naturführer Versteinerungen. Mosaik-Verlag, München 1986.

Stirrup, Martin/Heierli, Hans: *Grundwissen in Geologie.* Ott, Thun 1983.

Tektonische Karte der Schweiz, 1:500000. Schweiz. Geologische Kommission, Basel 1980.

Weibel, Max: *Die Mineralien der Schweiz.* Birkhäuser, Basel 4. Aufl. 1973.

Bildnachweis

Alle Fotos und Illustrationen stammen von den beiden Autoren, mit Ausnahme der folgenden:
25 (oben): Fred Zweili, Geol. Institut, Bern; 52, 53: Alberto Colombi, Lausanne;
57: Roland Oberhänsli, Bern; 58, 59 (rechts): Tissot SA, Bienne;
92, 93: Heinz Furrer, Zürich; 101 (rechts): Hans Rieber, Zürich;
112, 113: Johannes Hunziker, Bern; 123: Arthur Escher, Lausanne;
141: Markus Senn, Bern; 142: Brigitte Auf der Maur, Bern;
154: Robert André, Bern; 156: Naturhistorisches Museum, Bern;
162: Toni Baggenstos, Solothurn; 163: Michael Soom, Bern;
164: Brigitte Auf der Maur, Bern; 173: William Brunner, Kloten;
177: Holzstich um 1870; 183: Höllgrotten, Baar;
184: Brigitte Auf der Maur, Bern; 188: Stich um 1800;
198/199: Bergbaumuseum Schmelzboden, Davos;
200: Schweiz. Geologische Dokumentationtsstelle, Bern;
202: Dängi-Hannes, Gondiswil; 208: Schweiz. Rheinsalinen, Basel;
209: Stich um 1870; 213: Brigitte Auf der Maur, Bern;
215 oben: Richard Auf der Maur, Bern.

Index

Über die Autoren

Peter Heitzmann, Dr. sc. nat., arbeitet in leitender Stellung bei der schweizerischen Landeshydrologie und -geologie in Bern und ist Mitarbeiter der Programmleitung im Nationalen Forschungsprogramm «Geologische Tiefenstruktur der Schweiz».

Franz Auf der Maur hat sich nach Geologiestudium und Museumstätigkeit der Wissenschaftspublizistik zugewandt. Als freier Journalist und Sachbuchautor in Bern ist er seiner ersten Liebe – den Gesteinen – treu geblieben.

Erdgeschichtliche Zeittafel

Ära	Periode	Epoche	Alter (Ma)	Geologische und biologische Tatsachen	
Mesozoikum (Erdmittelalter)	Quartär	Holozän		Nacheiszeit: Torf, Schuttfächer Tuff, Lehm Eingriff des Menschen	Mensch: Hochkulturen Kulturpflanzen Haustiere
			0,01		
		Pleistozän		Eiszeiten und warme Zwischeneiszeiten: Schotter, Moränen, Findlinge, Talbildung	Höhlenbär, Mammut, wollhaariges Nashorn, Wildpferd Entstehung des Menschen
			1,6		
	Tertiär	Pliozän		Auffaltung des Jura	
			5		
		Miozän		Spätphase der Alpenbildung	
			24	Molasse	Braunkohle
		Oligozän		Hauptphase der Alpenbildung	
			37		
		Eozän		Bohnerz	Entfaltung der Säuger und Vögel
			58		
		Paläozän			
			66	Flysch	
...rdaltertum)	Kreide	Oberkreide			Aussterben der Saurier und Ammoniten
			98	Frühphase der Alpenbildung	Erste bedecktsamige Pflanzen
		Unterkreide		Marine Ablagerungen:	
			144	Sandsteine, Tone,	
		Malm			Urvogel
			163	Mergel, Kalke	